中等职业学校计算机系列教材

zhongdeng zhiye xuexiao jisuanji xilie jiaocai

3ds Max 9 中文版

基础教程

（第2版）

詹翔　王海英　主编

洪波　副主编

人民邮电出版社

北　京

图书在版编目（CIP）数据

3ds Max 9中文版基础教程 / 詹翔，王海英主编. --
2版. -- 北京：人民邮电出版社，2013.5（2021.6重印）
中等职业学校计算机系列教材
ISBN 978-7-115-30362-2

Ⅰ. ①3… Ⅱ. ①詹… ②王… Ⅲ. ①三维动画软件－
中等专业学校－教材 Ⅳ. ①TP391.41

中国版本图书馆CIP数据核字(2012)第309179号

内 容 提 要

　　3ds Max 是功能强大的三维设计软件，它在影视动画及广告制作、计算机游戏开发、建筑装潢与设计、机械设计与制造、军事科技、多媒体教学、动态仿真等领域都有着非常广泛的应用。

　　本书以三维制作为主线，全面介绍 3ds Max 9 中的二维、三维建模过程及编辑修改方法，放样物体的制作及编辑修改，材质的制作和应用，灯光和相机特效的作用方法及粒子效果的应用，动画控制器、合成及视频后处理等内容。书中全部的制作实例都有详尽的操作步骤，内容侧重于操作方法，重点培养学生的实际操作能力。各项目中还设有实训、思考与练习，使学生能够较好地巩固本项目中所学的知识并掌握操作技巧。

　　本书可作为中等职业学校"三维制作"课程的教材，也可供 3ds Max 9 初学者学习参考。

◆ 主　编　詹　翔　王海英

　副主编　洪　波

　责任编辑　王　平

◆ 人民邮电出版社出版发行　　北京市丰台区成寿寺路 11 号
　邮编　100164　电子邮件　315@ptpress.com.cn
　网址　http://www.ptpress.com.cn
　固安县铭成印刷有限公司印刷

◆ 开本：787×1092　1/16
　印张：13.75　　　　　　　　　2013 年 5 月第 2 版
　字数：345 千字　　　　　　　2021 年 6 月河北第 17 次印刷

　　　　ISBN 978-7-115-30362-2

　　　　　定价：29.00 元

读者服务热线：(010)81055256　印装质量热线：(010)81055316
　　　反盗版热线：(010)81055315
　广告经营许可证：京东市监广登字20170147号

中等职业教育是我国职业教育的重要组成部分，中等职业教育的培养目标定位于具有综合职业能力，在生产、服务、技术和管理第一线工作的高素质的劳动者。

随着我国职业教育的发展，教育教学改革的不断深入，由国家教育部组织的中等职业教育新一轮教育教学改革已经开始。根据教育部颁布的《教育部关于进一步深化中等职业教育教学改革的若干意见》的文件精神，坚持以就业为导向、以学生为本的原则，针对中等职业学校计算机教学思路与方法的不断改革和创新，人民邮电出版社精心策划了《中等职业学校计算机系列教材》。

本套教材注重中职学校的授课情况及学生的认知特点，在内容上加大了与实际应用相结合案例的编写比例，突出基础知识、基本技能。为了满足不同学校的教学要求，本套教材中的 4 个系列，分别采用 3 种教学形式编写。

- 《中等职业学校计算机系列教材——项目教学》：采用项目任务的教学形式，目的是提高学生的学习兴趣，使学生在积极主动地解决问题的过程中掌握就业岗位技能。
- 《中等职业学校计算机系列教材——精品系列》：采用典型案例的教学形式，力求在理论知识"够用为度"的基础上，使学生学到实用的基础知识和技能。
- 《中等职业学校计算机系列教材——机房上课版》：采用机房上课的教学形式，内容体现在机房上课的教学组织特点，学生在边学边练中掌握实际技能。
- 《中等职业学校计算机系列教材——网络专业》：网络专业主干课程的教材，采用项目教学的方式，注重学生动手能力的培养。

为了方便教学，我们免费为选用本套教材的老师提供教学辅助资源，教师可以登录人民邮电出版社教学服务与资源网（http://www.ptpedu.com.cn）下载相关资源，内容包括如下。

- 教材的电子课件。
- 教材中所有案例素材及案例效果图。
- 教材的习题答案。
- 教材中案例的源代码。

在教材使用中有什么意见或建议，均可直接与我们联系，电子邮件地址是 wangping@ptpress.com.cn。

中等职业学校计算机系列教材编委会

2012 年 11 月

第 2 版前言

　　随着三维制作技术的发展，职业学校的三维制作基础课程的教学存在的主要问题是传统的教学内容与方法已无法适应教学的实际情况和用人单位的实际需求。本书的编写，就是要尝试打破原来的学科知识体系，按实际的三维动画制作流程，即创建物体→赋材质→设灯光→渲染输出，加强学生动手能力的训练，使学生技能与企业的需求达到一致。

　　本书是依据职业技能鉴定规范，并参考《全国计算机信息高新技术考试技能培训和鉴定标准》中的"职业技能四级"（操作员）的知识点而编写的。教材的内容主要包括 3ds Max 9 的基本操作、二维建模和三维建模、材质及灯光设置、动画制作和渲染输出等。通过本课程学习，学生将具备操作三维软件和制作三维场景的基本技能，掌握三维动画制作基本流程以及制作技巧。

　　本书既强调基础，又注重能力的培养，教学内容与国家职业技能鉴定规范相结合。在编写体例上采用项目教学的形式，简洁的文字表述，加上大量范例图片，直观明了，便于读者学习。本书注重理论和实践的结合，对于相关的知识点，设置了"说明"小栏目，并通过配套的技能训练项目强化学生的动手能力。

　　本课程的教学时数为 72 学时，各项目的教学课时可参考下面的课时分配表。

项 目	课 程 内 容	课 时 分 配	
		讲授	实践训练
项目一	三维动画入门	2	2
项目二	3ds Max 9 的基本操作	2	2
项目三	创建三维几何物体	4	4
项目四	常用建筑构件建模	4	4
项目五	标准修改器	4	4
项目六	2D 转 3D 建模方法	4	4
项目七	灯光和摄影机	2	2
项目八	3ds Max 9 的材质应用	6	6
项目九	动画与粒子系统	6	6
项目十	渲染系统	2	2
课 时 总 计		36	36

　　本书由詹翔、王海英任主编，洪波任副主编，参加编写工作的还有沈精虎、黄业清、宋一兵、谭雪松、向先波、冯辉、计晓明、滕玲、董彩霞、管振起等。

　　由于编者水平有限，书中难免存在疏漏和不妥之处，恳请广大读者批评指正。

编者

2012 年 11 月

目 录

三维动画入门

随着计算机硬件技术的迅猛发展，软件技术也呈现突飞猛进的变化，尤其表现在图形图像领域。在该领域中，三维制作技术相对复杂且技术含量相对较高。此类技术被广泛应用于影视动画及广告、计算机游戏开发、建筑装潢与设计、机械设计与制造、军事科技以及多媒体教学等领域。在众多的三维制作软件中，我国最为普及的是 3ds Max 三维制作软件。本书以 3ds Max 9 中文版为平台，详细介绍三维制作流程及技巧。

本项目使用 3ds Max 9 创建一个球体爆炸动画，效果如图 1-1 所示。在学习制作此动画之前，先了解如何学习 3ds Max 9，并学习如何保存、打开及合并场景文件。

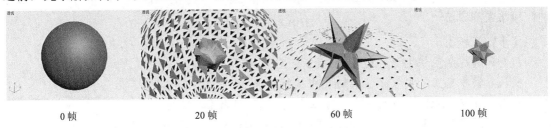

| 0 帧 | 20 帧 | 60 帧 | 100 帧 |

图 1-1   不同帧的动画案例效果

学习目标

了解学习 3ds Max 9 的方法。
掌握启动、退出 3ds Max 9 软件系统的方法。
掌握保存 3ds Max 9 场景文件的方法。
掌握打开 3ds Max 9 场景文件的方法。
掌握合并 3ds Max 9 场景文件的方法。

任务一   学习 3ds Max 9 的方法

3ds Max 的功能非常强大，如果没有好的学习方法，在学习过程中就会感觉像盲人摸象，无法全面掌握该软件的核心功能。根据大多数使用者的学习经历，可总结出以下几条经验以供参考。

(1) 明确目的、了解流程。

从实际工作需要来看，3ds Max 9 可分为制作效果图和制作动画两大用途。无论是制作效果图还是制作动画，读者应在大脑中建立起一个整体印象，并熟悉各阶段所需要完成的任务和与其相对应的功能模块。

(2) 熟悉功能、掌握操作。

由于 3ds Max 9 的命令众多，在学习时最好先看一些入门级的教材，了解其常用功能，掌握基本的操作方法，并能简单操作部分常用功能。在认真学习本书后读者可完全达到上述目的。

(3) 举一反三、融会贯通。

对 3ds Max 9 入门后，就需要加以大量的练习。这个阶段最佳的学习方法是：先跟随书中的复杂范例进行学习，然后自己制作几个与该范例相同的作品，使所学功能达到融会贯通的程度。

任务二 启动、退出 3ds Max 9 软件系统及界面简介

本任务的目的主要是学习如何启动和退出 3ds Max 9 软件系统，并了解其界面的主要结构及基本功能。

（一） 启动 3ds Max 9 软件系统

首先来学习如何启动 3ds Max 9 软件系统。启动某一程序的方法较多，本书着重介绍两种比较常用的方法。

【步骤解析】

1. 打开计算机的主机电源，进入 Windows XP 系统。
2. 确认系统中已正确安装了 3ds Max 中文版软件。
3. 单击 Windows XP 界面左下方任务栏上的 ⊞ 开始 按钮。
4. 选择【所有程序】/【Autodesk】/【Autodesk 3ds Max9 32-bit】/【Autodesk 3ds Max 9 32-位】命令，此时 3ds Max 9 软件系统自动开启。3ds Max 9 中文版的启动画面如图 1-2 所示。

图 1-2　3ds Max 9 中文版的启动画面

① 另一种启动方法是用鼠标双击 Windows 桌面上的快捷方式图标 ⑤。

② 本书采用的是 3ds Max 9 SP2 版本，读者可以到官方网站下载 SP2 安装补丁。

（二） 3ds Max 9 的界面划分

3ds Max 9 中文版采用了传统的 Windows 用户界面，菜单栏、工具栏、状态栏与其他

Windows 应用软件大致相同。启动 3ds Max 9 中文版软件系统后，就进入其主界面，界面中的区域划分如图 1-3 所示。

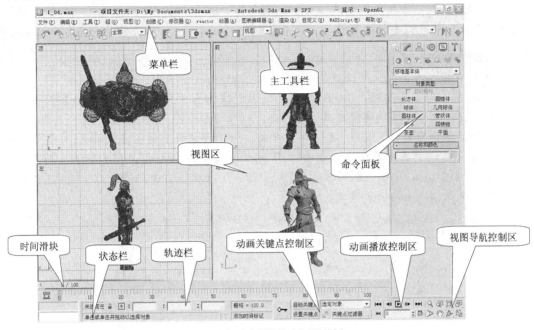

图 1-3　3ds Max 9 中文版软件系统界面划分

界面中各区域的主要作用参见表 1-1。

表 1-1　　　　　　　　　　界面中各区域的名称及功能

名称	功能
菜单栏	每个菜单的名称能表明其用途。单击某个菜单命令，即可弹出相应的下拉菜单，用户可以从中选择所要执行的命令
主工具栏	主工具栏位于菜单栏之下，它包括了各类常用工具的快捷按钮
视图区	视图区是该软件界面中面积最大的区域，是主要的工作区，系统默认设置为 4 个视图
命令面板	命令面板的结构比较复杂，内容也非常丰富，在 3ds Max 9 中主要依靠它来完成各项主要工作
时间滑块	时间滑块在鼠标拖动下可以到达动画的某一个特定点，方便用户观察和设置不同时刻的动画效果
状态栏	提供有关场景和活动命令的提示和状态信息
轨迹栏	显示当前动画的时间总长度及关键点的设置情况
动画关键点控制区	主要用于动画的记录和动画关键点的设置，是创建动画时最常用的区域
动画播放控制区	主要用来进行动画的播放以及动画时间的控制
视图导航控制区	主要用于控制各视图的显示状态，可以方便地移动和缩放各视图

（三） 创建并保存新场景

3ds Max 9 的场景数据可以保存为后缀名为"max"的文件，此文件中包括三维模型、材质、动画轨迹和灯光等参数信息，在 3ds Max 9 中可以方便地存储和调用这些场景文件。

【步骤解析】

1. 双击 Windows 桌面上的快捷图标◎，启动 3ds Max 9 软件系统。
2. 单击 ⸜ / ◉ / ▭ 茶壶 ▭ 按钮，在透视图中按住鼠标左键，拖出 1 个茶壶物体后，松开左键，此时茶壶物体便创建完成了。
3. 选择菜单栏中的【文件】/【保存】命令，弹出【文件另存为】对话框，在【保存在】下拉列表框中选择要保存的目标文件夹，在【文件名】文本框中输入文件名"01_茶壶"，如图 1-4 所示，然后单击 保存⑤ 按钮。这样，当前场景就以"01_茶壶.max"的名字保存在所选择的文件夹中了。

图1-4 【文件另存为】对话框

4. 选择菜单栏中的【文件】/【重置】命令，弹出如图 1-5 所示的提示对话框。单击 是⑪ 按钮，3ds Max 9 便恢复到刚开启的状态，后续章节中将这一过程简称为"重新设定软件系统"。

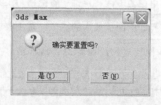

图1-5 重置对话框

（四） 打开并修改旧场景

3ds Max 9 所保存的场景文件可以随时被打开进行再次修改，同时还可以将其他场景文件中的模型合并入当前场景中。

【步骤解析】

1. 重新设定软件系统。选择菜单栏中的【文件】/【打开】命令，在弹出的【打开文件】对话框中找到上述操作保存的"01_茶壶.max"文件，然后单击 打开⑩ 按钮，如图 1-6 所示，打开所选场景文件。

图 1-6　【打开文件】对话框

2. 在透视图中单击茶壶，使其成为被选择状态，此时茶壶在其余 3 个视图中为白色线框显示方式。

3. 单击 ⬚ 按钮进入修改命令面板，在【参数】面板中将【半径】的值改为 "25"。

4. 选择菜单栏中的【文件】/【合并】命令，在弹出的【合并文件】对话框中选择 "Scenes\01_圆柱体.max" 文件。

5. 单击 打开(O) 按钮，在弹出的【合并】对话框中选择【Cylinder01】选项，如图 1-7 左图所示，然后单击 确定 按钮，将所选物体合并到当前场景中，物体在透视图中的形态如图 1-7 右图所示。

图 1-7　【合并】对话框及透视图中的形态

说明

　　3ds Max 的场景文件只能向上兼容，即由低版本生成的文件可以被高版本打开（或合并），而由高版本生成的文件，在低版本中无法打开（或合并）。

（五）　退出 3ds Max 9 软件系统

　　在退出 3ds Max 9 软件系统时，如果当前场景中有未存盘的数据，系统首先询问是否存盘，之后才会退出，否则将会直接关闭 3ds Max 9 软件系统。

【步骤解析】

1. 选择菜单栏中的【文件】/【退出】命令，会弹出一个提示对话框，如图 1-8 所示，询问是否保存文件。这是因为用户对场景做了修改后未进行保存。

图 1-8　是否保存文件对话框

　如需要将场景以原名字进行保存，则单击 是(Y) 按钮；如不保存并退出，则单击 否(N) 按钮。

2. 单击 取消 按钮，不保存场景，此时不会退出软件系统。
3. 选择菜单栏中的【文件】/【另存为】命令，在弹出的【文件另存为】对话框中为场景取名为 "01_茶壶 01.max"，然后单击 保存(S) 按钮，将修改后的场景进行另存。
4. 选择菜单栏中的【文件】/【退出】命令，退出 3ds Max 9 软件系统。

任务三　三维动画入门案例——球体爆炸动画

本任务将以一个有趣的球体爆炸动画为例，重点介绍三维动画的制作过程，目的是为了使读者大致了解三维动画的基本操作过程。本任务用到的各命令的参数含义将在后面的项目中详细说明。

（一）　制作异面体变形动画

首先制作一个异面体，并记录其变形动画。

【操作步骤】

1. 重新设定软件系统。单击 ⬚ / ⬚ / 标准基本体▼ 下拉列表框，在弹出的下拉列表中选择 扩展基本体▼ 选项。
2. 单击 异面体 按钮，在透视图或者顶视图的正中心按住鼠标左键并拖曳鼠标。创建 1 个异面体，其形态及参数设置如图 1-9 所示，参数不一定要非常准确，大致相同即可。

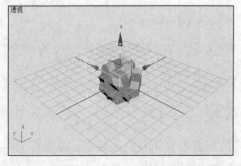

图 1-9　异面体的形态及参数设置

　可以根据自己的喜好任选一种【系列】参数，参数不同表现出来只是形状上的不同而已。

6

3. 确认时间滑块 ⟨0 / 100⟩ 在第 0 帧的位置上，单击动画关键点控制区中的 ⟨自动关键点⟩ 按钮，使其变为红色激活状态。

4. 按住时间滑块，将其拖曳至第 50 帧的位置 ⟨50 / 100⟩。

5. 单击 ⟨⟩ 按钮进入修改命令面板，在【参数】面板中修改【系列参数】中的【P】值和【轴向比率】中的【Q】值至，如图 1-10 左图所示。

6. 再按住时间滑块，将其拖曳至第 100 帧的位置 ⟨100 / 100⟩，再将各参数调整至如图 1-10 右图所示数值。其实这些参数都不是固定的，可以根据需要自由调整。

7. 单击 ⟨自动关键点⟩ 按钮，关闭动画记录。激活透视图，单击动画播放控制区中的 ⟨▶⟩ 按钮，播放动画，可以看到异面体在来回地变形。

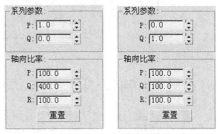

图 1-10　不同帧数时各参数值

（二）　制作球体嵌套效果

在异面体的外面套上一个球体。在三维空间中，物体的嵌套是很容易实现的，不需要特殊的操作，只要将两个物体放在一起，就自动相互嵌套了。

【步骤解析】

1. 单击 ⟨⟩ / ⟨⟩ / ⟨扩展基本体 ▼⟩ 下拉列表框，在弹出的下拉列表中选择 ⟨标准基本体 ▼⟩ 选项。

2. 激活顶视图，单击视图控制区中的 ⟨⟩ 按钮，将顶视图中的物体全部显示出来。

3. 单击 ⟨ 球体 ⟩ 按钮，在顶视图的空白处按住鼠标左键并拖曳鼠标，创建 1 个球体，位置和参数如图 1-11 所示。

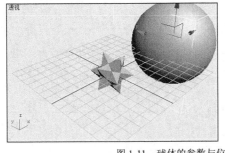 

图 1-11　球体的参数与位置

4. 单击【名字和颜色】面板右下方的色块，在弹出的【对象颜色】对话框中选择红色，或者选择其他颜色，如图 1-12 所示。

5. 单击 ⟨ 确定 ⟩ 按钮，此时雪花粒子的颜色被改为红色。

6. 单击主工具栏中的 ⟨✛⟩ 按钮，在顶视图中将球体移动至异面体的位置，使它们相互重合，尽量做到两个物体的中心点重合，效果如图 1-13 所示。

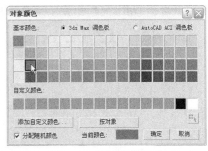

图 1-12　球体的颜色选择

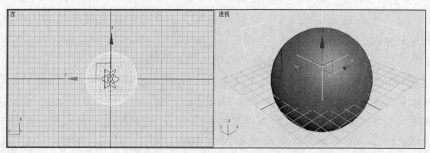

图 1-13　球体与异面体的相对位置关系

（三）　制作球体爆炸动画

接下来要制作一个爆炸效果。在 3ds Max 中，爆炸效果是通过一个专用的空间扭曲物体实现的。将该物体链接到要爆炸的物体上，然后使之爆炸。

【操作步骤】

1. 单击创建命令面板中的 ≋ 按钮，在其 力 ▼ 下拉列表中选择
   几何/可变形 ▼ 选项。

2. 单击 爆炸 按钮，在顶视图的空白处单击鼠标左键，创建一个爆炸点空间扭曲物体。该物体没有实体形状，只有 1 个三棱锥形式的线框，代表爆炸中心点。

3. 将时间滑块拖曳到第 0 帧的位置 0 / 100 。

4. 单击主工具栏中的 按钮，将指针放在爆炸点空间扭曲物体上，按住鼠标左键向球体方向拖曳。出现 1 条虚线，此时要按住鼠标左键不放，将指针移动至球体上松开左键，球体会闪动一下，注意尽量不要拖到球体中心，以免错误地链接到异面体。拖曳过程如图 1-14 所示。

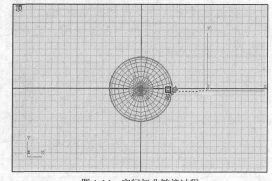

图 1-14　空间扭曲链接过程

5. 单击主工具栏中的 ✛ 按钮，在顶视图中将爆炸点移动至球体的中心位置，使它们相互重合，尽量做到使两个物体的中心点重合。

6. 激活透视图，单击动画播放控制区中的 ▶ 按钮，播放动画。此时会看到完整的动画效果，如图 1-15 所示。

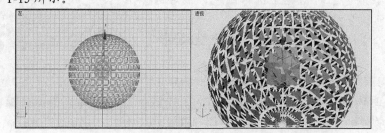

图 1-15　球体爆炸效果

7. 选择菜单栏中的【文件】/【保存】命令，将场景保存为 "01_爆炸.max" 文件。

项目小结

本项目首先概述 3ds Max 9 的基础知识，内容包括 3ds Max 9 的学习方法和三维动画的制作流程，这些内容将有助于读者明确学习 3ds Max 的目的。

学习一个软件，首先要学习如何启动、退出该软件以及与该软件相关的文件操作。3ds Max 9 是符合 Windows 操作系统标准的应用软件，所以它的启动和退出方法与其他的 Windows 应用软件完全相同，文件的操作方法也相同，这些都是 3ds Max 9 最基本的操作。

本项目最后还制作了异面体变形和球体爆炸的动画，演示了利用 3ds Max 9 制作动画的基本过程，同时也体现了关键点动画的具体制作方法。

思考与练习

1. 打开教学辅助资料中的"LxScenes\01_01.max"场景文件，制作茶壶盖的移动动画，移动过程如图 1-16 所示。

第 0 帧　　　　　　　　第 30 帧　　　　　　　　第 100 帧

图 1-16　茶壶盖在各关键点上的位置

2. 打开教学辅助资料中的"LxScenes\01_02.max"场景文件，制作小球弹跳动画，弹跳过程如图 1-17 所示。

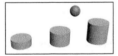

图 1-17　小球弹跳过程

项目二

3ds Max 9 的基本操作

3ds Max 9 的操作比较复杂，因为该软件是在三维空间中进行操作的，所以需要用户具有良好的空间想象能力。用户首先要理解笛卡儿空间与 3ds Max 9 视图的关系，搞清正交视图与透视图的区别与各自的作用，在此基础上才能逐渐掌握最基本的视图操作及物体的变动修改操作。

学习目标

熟练掌握视图操作与控制的方法。
了解笛卡儿空间与视图划分的概念和关系。
掌握物体的选择和删除，以及取消和恢复上一步等操作。
了解坐标系与物体变动套框的含义及用法。
熟练掌握物体变动的修改方法。

任务一 利用已有场景熟悉界面操作及视图控制

本任务以一个现有的场景为例，详细介绍 3ds Max 9 的界面操作、视图控制、视图转换、物体选择、物体删除、场景重设定等操作。

【步骤解析】

1. 选择菜单栏中的【文件】/【打开】命令，打开 "scenes\02_客厅.max" 文件，这是一个已搭建好的客厅场景。

2. 将鼠标指针放在前视图区域内，单击鼠标右键将其激活，激活的视图边框会显示为亮黄色。在后续章节中将此操作简称为 "激活××视图"。

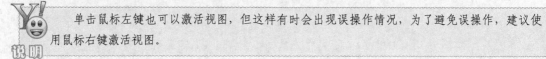
　　单击鼠标左键也可以激活视图，但这样有时会出现误操作情况，为了避免误操作，建议使用鼠标右键激活视图。

3. 按键盘上的 T 键，【前】视图便转换为【顶】视图，此时在视图区中就出现了两个顶视图。

4. 按键盘上的 F 键，将【顶】视图再转换为【前】视图。

【知识链接】

系统默认的 4 个视图不是固定不变的，可以通过以下的快捷键来完成各视图之间的转换。

- ☐T☐: 顶视图
- ☐B☐: 底视图
- ☐L☐: 左视图

- ☐U☐: 用户视图
- ☐F☐: 前视图
- ☐P☐: 透视图

5. 激活透视图，在左上角的"透视"标识上单击鼠标右键，打开快捷菜单，选择其中的【线框】命令，如图 2-1 左图所示。此时，透视图便转换为线框显示方式，如图 2-1 右图所示。这种显示方式可以减轻系统负担，在制作较复杂场景时较为常用。

图 2-1 快捷菜单及透视图的线框显示方式

6. 利用相同的方法，在快捷菜单中选择【平滑+高光】命令，将透视图恢复到实体显示方式。其他正交视图也可以进行相同的显示方式转换。

7. 将鼠标指针放在视图分界线的十字交叉中心点上，按住鼠标左键向左上方向拖动黄色视图分界线，拖曳状态如图 2-2 左图所示。此时，右下角的透视图扩大了，而其他视图被缩小了，如图 2-2 右图所示。

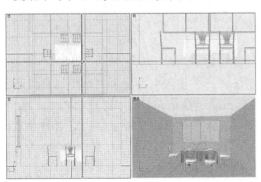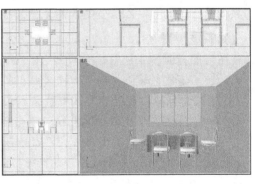

图 2-2 扩大透视图的显示尺寸

  用相同方法可以改变任意视图的大小。若将鼠标指针放在水平或垂直的分界线上，则只能单一地改变视图的水平或垂直尺寸。

8. 在视图分界线上单击鼠标右键，打开快捷菜单，选择【重置布局】命令，将恢复视图的均分状态，如图 2-3 所示。

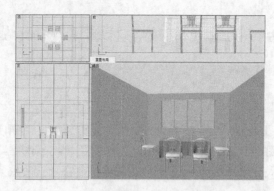

图2-3　【重置布局】命令的位置

9. 单击视图导航控制区中的 🔍（缩放）按钮，此时鼠标指针变为放大镜形态，如图 2-4 左图所示，在透视图中按住鼠标左键向下移动一段距离，此时透视图中的视景被推远了，如图 2-4 右图所示。完成视窗缩放操作后，应单击鼠标右键退出该功能。

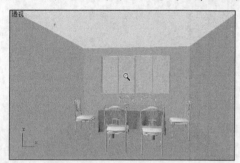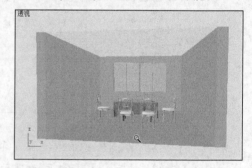

图2-4　改变视图中的视景远近效果比较

> 在进行视图缩放操作时，系统默认的鼠标运动轨迹为上下移动，如果左右移动鼠标，则缩放效果不明显。

10. 按键盘上的 Shift+Z 组合键，恢复当前视图的原始显示状态。

【知识链接】

视图导航控制区中还有几个较常用的按钮，说明如下。

- （缩放区域）按钮：单击此按钮，在任意一个视图中，拉出一个矩形框以框选某个区域，被框选的区域就会放大至视图满屏显示。
- （最大化视口切换）按钮：单击此按钮，当前视图会满屏显示，这有利于用户进行精细编辑操作。再次单击该按钮可返回到原来的状态。
- （平移视图）按钮：单击此按钮，在任意视图中拖动鼠标，可以平移该视图。

11. 在透视图中的左侧椅子上单击鼠标左键，将其选择，被选择物体在线框视图中以白色线框方式显示，在实体显示方式下，被选择物体会出现一个白色套框。

12. 在视图导航控制区中的 （最大化显示）按钮上按住鼠标左键不放，在弹出的按钮组中选择 （最大化显示选定对象）按钮，将窗帘以最大化方式显示，如图2-5所示。

13. 按键盘上的 Delete 键，将其删除。

14. 激活前视图，单击主工具栏中的 （交叉选择）按钮，使其变为 （窗口选择）状态，在前视图中按住鼠标左键并进行拖曳，可框选右侧椅子，如图2-6所示。

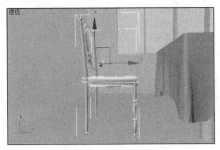

图 2-5   最大化显示椅子

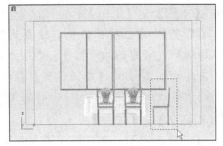

图 2-6   框选物体

【知识链接】

框选物体时有以下两种模式。

- （交叉选择）按钮：在该选择方式下，选择框所经过的物体都将被选择（也称为半包围模式）。

- （窗口选择）按钮：在该选择方式下，选择框全部包括的物体才能被选择（也称为全包围模式）。

> 在进行框选操作时，指针的起始位置是矩形选框的第一个角点，按住鼠标左键并进行拖动时，指针的移动轨迹为该选框的对角线，松开鼠标左键，系统自动选择被该矩形框全部框住的物体，并且矩形框随即消失。

15. 在前视图中的任意空白处单击鼠标左键，取消所有物体的选择状态。

【知识链接】

利用鼠标在视图中进行物体选择时，可配合以下两个键进行加减物体。

- Ctrl 键：在点选物体时，按住键盘上的 Ctrl 键不放，指针会变成 形态，此时可以加选未被选择的物体，也可以减选已选择的物体。

- Alt 键：在点选物体时，按住键盘上的 Alt 键不放，指针会变成 形态，此时只能减选已被选择的物体。

16. 选择菜单栏中的【文件】/【重置】命令，在弹出的提示对话框中单击 否(N) 按钮，不保存场景。

17. 在随后弹出的提示对话框中单击 是(Y) 按钮，如图 2-7 所示。

图 2-7   提示对话框

图 2-8   【选择对象】对话框

【知识链接】

(1) 本任务的一个操作要点是如何选择物体，范例中给出了点选和框选两种方式。在制作复杂场景时，还可以按名称选择物体：单击工具栏中的 按钮，在弹出的【选择对象】对话框中单击要选择的物体名称，如图 2-8 所示，然后单击 选择 按钮即可将其选择。

在该对话框中选择物体名称时可以单选，也可以复选，它的操作与 Windows 资源管理器中的文件操作相同。

(2) 【重置】与【退出】命令的区别。

- 【重置】：清除全部数据，恢复到软件系统的初始状态。该命令常用于制作新的场景之前的初始化操作，等同于退出软件系统后重新启动软件系统。
- 【退出】：退出软件系统。执行该命令后将无法进行任何 3ds Max 9 的操作，等同于单击图 2-8 所示对话框右上角的 ⊠ 按钮。

【知识拓展】

3ds Max 9 内置了一个几乎无限大而又全空的虚拟三维空间，这个三维空间是根据笛卡儿坐标系构成的，因此 3ds Max 9 虚拟世界中的任何一点都能够用 x、y、z 这 3 个值来精确定位，如图 2-9 所示。

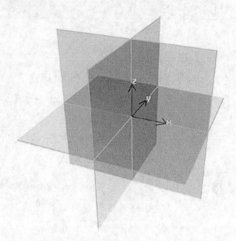

x、y、z 轴中的每一个轴都是一条向两端无限延伸的不可见的直线，且这 3 个轴是互相垂直的。3 个轴的交点就是虚拟三维空间的中心点，称为世界坐标系原点。每两个轴组成一个平面，包括 xy 面、yz 面和 xz 面。这 3 个平面在 3ds Max 9 中被称为"主栅格"，它们分别对应着不同的视图。在默认情况下，通过鼠标拖动方式创建模型时，都将以某个主栅格平面为基础进行创建。

图 2-9 笛卡儿空间中的 x、y、z 轴

3ds Max 9 的视图区默认设置为 4 个视图，在每个视图的左上角都有视图名称标识，这 4 个默认视图分别是顶视图、前视图、左视图和透视图。其中，顶视图、前视图和左视图为正交视图，它们能够准确地表现物体的高度和宽度，以及各物体之间的相对关系，而透视图则是与日常生活中的观察角度相同，符合近大远小的透视原理，如图 2-10 所示。

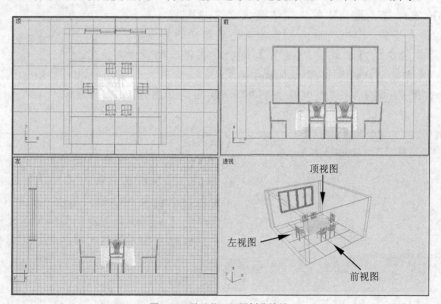

图 2-10 默认的 4 视图划分效果

任务二　利用物体的变动修改制作卡通人物

物体的基本操作包括 ✥（移动）、↻（旋转）和 ▢（缩放），这些操作统称为物体的变动修改。每一种操作都对应着一种变动修改器套框，这些都是搭建场景必备的工具，读者必须熟练掌握。本任务以制作如图 2-11 所示的卡通效果为例，介绍变动修改的操作方法。

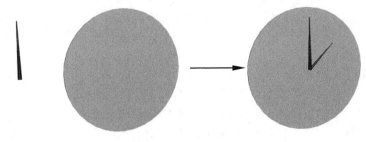

图 2-11　钟表造型效果

【步骤解析】

1. 选择菜单栏中的【文件】/【打开】命令，打开 "Scenes\02_钟表.max" 文件。
2. 在前视图中选择指针物体，单击主工具栏中的 ✥ 按钮，将其沿 x 轴向右移动到圆形表盘的中心位置，如图 2-12 所示。
3. 单击主工具栏中的 △（角度捕捉切换）按钮，使用角度锁定功能。
4. 单击主工具栏中的 ↻ 按钮，将指针放在旋转套框最外面一个圆圈上。按住键盘上的 Shift 键不放，同时按住鼠标左键并上下拖动鼠标，将其沿视图平面旋转 45°，该操作在实现旋转的同时实现了复制功能，如图 2-13 所示。可以根据需要随意调整角度。

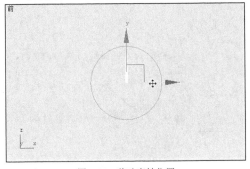

图 2-12　移动表针位置

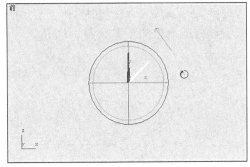

图 2-13　旋转复制表针位置

5. 松开鼠标和键盘，在弹出的对话框中选择【复制】方式。

> 【复制】方式是将当前选择的物体进行复制，各物体之间互不相关。其他几种复制方式请参见本书项目三中的相关内容。

6. 确定倾斜的表针为被选择状态，单击主工具栏中的 ▢ 按钮，将指针放在 x 轴、y 轴、z 轴的交汇处，进行三维缩放操作，将该指针缩小至原大小的 70%左右，形状如图 2-14 所示。
7. 选择【文件】/【另存为】命令，将场景另存为 "02_钟表_ok.max" 文件。

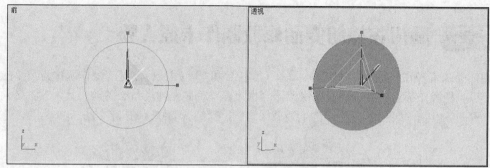

图 2-14　缩小表针状态

【知识拓展】

在 3ds Max 9 中有 3 种基本的变动修改操作：✛（移动）、↻（旋转）和 ❐（缩放），它们都有各自独立的变动修改套框。当激活这些按钮时，场景中被选择的物体就会自动出现相应的变动修改套框。将鼠标指针放在修改套框的不同部位，就可以自动激活相应的轴或轴平面，通过拖动鼠标来实现在相应的轴上的变动修改操作。在非激活状态下，各轴的颜色与世界坐标系标志的颜色相同，也就是 x 轴为红色，y 轴为绿色，z 轴为蓝色；当相应的轴或轴平面被激活时则显示为亮黄色。

(1) ✛（移动）修改套框。

移动修改套框的形态如图 2-15 所示。

- 单向轴：当用鼠标指针激活单向轴，并按住鼠标左键拖曳时，就可以在单个轴
  向上移动物体。

- 轴平面：当用鼠标指针激活轴平面，并按住鼠标左键拖曳时，就可以在轴平面
  上移动物体。

(2) ↻（旋转）修改套框。

旋转修改套框的形态如图 2-16 所示。

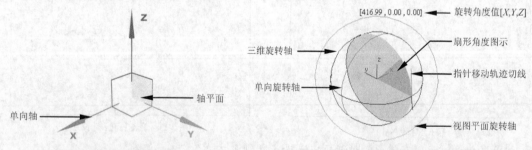

图 2-15　移动修改套框的形态　　　　图 2-16　旋转修改套框的形态

- 单向旋转轴：当激活任一单向旋转轴，并按住鼠标左键拖曳时，就可以在单个
  轴向上旋转物体。

- 三维旋转轴：当激活三维旋转轴，并按住鼠标左键拖曳时，就会以被旋转物体
  的轴心为圆心进行三维旋转。

- 视图平面旋转轴：当激活视图平面旋转轴，并按住鼠标左键拖曳时，就会在当
  前视图平面上进行旋转。

- 指针移动轨迹切线：当按住鼠标左键拖曳时，才会出现以鼠标指针的初始位置

为切点、沿旋转轴绘制的一条切线。该切线分为两段，它们分别标志着此次旋转操作指针可以移动的两个方向，一段为灰色（鼠标指针未在此方向上移动），一段为黄色（鼠标指针正在移动的方向）。

- 旋转角度值：该值会显示本次旋转的相对角度变化，只有在开始旋转时才会出现。
- 扇形角度图示：以扇形填充区域来显示旋转的角度范围。

(3) □（缩放）修改套框。

缩放修改套框的形态如图 2-17 所示。

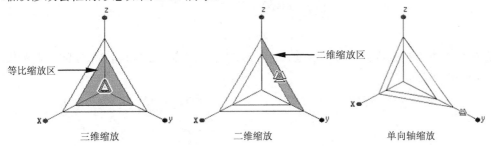

图 2-17　缩放修改套框的形态

- 等比缩放区：当激活等比缩放区，并按住鼠标左键拖曳时，物体会在 3 个轴向上做等比缩放。此时，只改变体积大小，不改变外观比例，这种缩放方式属于三维缩放。
- 二维缩放区：当激活二维缩放区，并按住鼠标左键拖曳时，物体会在指定的坐标轴向上进行非等比缩放。此时，物体的体积和外观比例都会发生变化，这种缩放方式属于二维缩放。
- 单向轴缩放：当激活任一单向轴，并按住鼠标左键拖曳时，物体会在指定轴向上进行单轴向缩放，这种缩放方式也属于二维缩放。

实训　搭建雕塑场景

要求：利用 3ds Max 9 移动、旋转和缩放功能搭建如图 2-18 所示的雕塑场景。

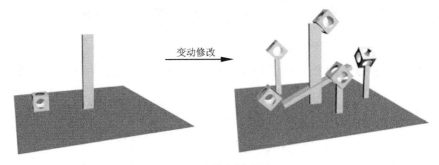

图 2-18　搭建雕塑场景

【步骤解析】

1. 选择菜单栏中的【文件】/【打开】命令，打开"Scenes\02_雕塑.max"文件。
2. 选择立方体，单击主工具栏中的 ↻ 按钮，在前视图中将其沿 y 轴旋转 45°，结果如

图 2-19 所示。

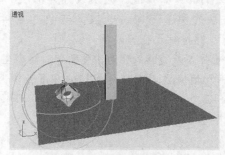

图 2-19　旋转立方体

3. 在顶视图中选择长方体，按住键盘上的 Shift 键，将其沿 z 轴旋转复制 90°，如图 2-20 所示。

图 2-20　旋转复制长方体

4. 激活前视图，将长方体沿 z 轴旋转 −65°，结果如图 2-21 左图所示。单击 ⊕ 按钮，再将长方体移动至如图 2-21 右图所示的位置。

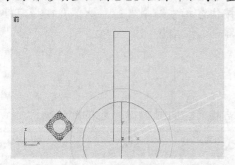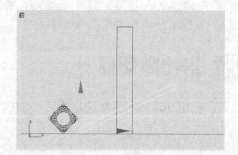

图 2-21　长方体旋转、移动后的位置

5. 在前视图中选择垂直的长方体，将其移动复制 3 个，然后在顶视图中移动它们的位置，如图 2-22 所示。

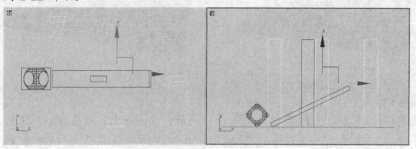

图 2-22　长方体复制、移动后的位置

6. 单击 按钮，在前视图中分别选择长方体，然后将它们分别沿 x 轴、y 轴进行缩放，改变它们的大小，结果如图 2-23 所示。

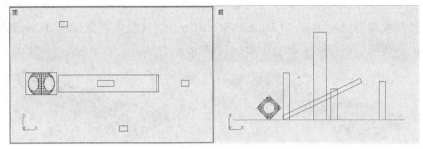

图 2-23　长方体缩放后的结果

7. 在前视图中选择立方体，将其移动复制到如图 2-24 所示的位置上。

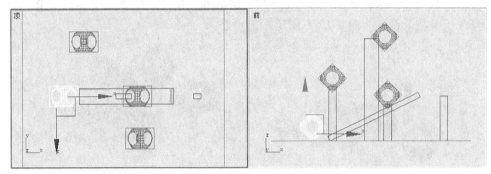

图 2-24　立方体移动复制后的位置

8. 选择 1 个立方体，将其复制 1 个，如图 2-25 左图所示，然后在前视图中将其沿 y 轴旋转 90°，结果如图 2-26 中图所示，最后移动到如图 2-25 右图所示的位置。

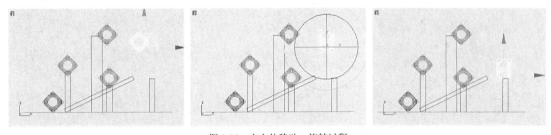

图 2-25　立方体移动、旋转过程

9. 选择菜单栏中的【文件】/【另存为】命令，将场景另存为 "02_雕塑_ok.max" 文件。

项目小结

　　本项目着重练习了移动、旋转、缩放等命令的使用方法，物体变动修改是初学者遇到的第一个难点，所以首先要仔细理解坐标系与物体变动套框的含义及用法，然后再进行大量的实际操作，这样才能有效地解决这个难点。

思考与练习

1.　打开教学辅助资料中的"LxScenes\02_01.max"文件，场景如图 2-26 左图所示。利用变动修改工具将其修改为图 2-26 右图所示的形态。

图 2-26　场景形态及修改后的效果

2.　打开教学辅助资料中的"LxScenes\02_02.max"文件，场景如图 2-27 左图所示，利用变动修改工具将其修改为图 2-27 右图所示的形态。

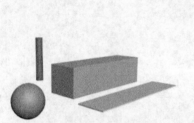 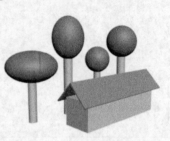

图 2-27　场景形态及修改后的效果

项目三
创建三维几何物体

在 3ds Max 9 中，几何物体的造型都有简捷的创建方法，而且其外观尺寸可以通过数值的变化进行参数化调节。3ds Max 9 还提供了丰富的绘图辅助工具和捕捉工具，使精确建模工作变得简单。另外，在建模时通常都使用鼠标操作，这种方法虽然方便，但不够精确。为了力求尽可能的准确，软件还提供了一种利用键盘输入的创建方法，它可以在三维空间中指定的坐标点处精确地创建固定的模型。本项目将详细讲述这些功能的使用方法。

学习目标

熟练掌握标准基本体与扩展基本体的创建方法。

掌握物体参数、颜色的修改方法。

了解自动网格功能的使用方法。

掌握克隆复制、镜像复制和阵列复制的方法。

掌握对齐工具，并了解捕捉工具的使用方法。

理解物体成组的概念，熟练掌握成组、解开成组等操作方法。

任务一 利用标准基本体创建雪人造型

标准基本体的创建，是在 创建命令面板中进行的。系统的初始创建命令面板如图 3-1 所示。

本任务将利用图 3-1 所示初始创建命令面板中的标准基本体，创建如图 3-2 所示的雪人造型。

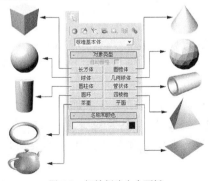

图 3-1　初始创建命令面板

图 3-2　雪人造型

【步骤解析】

1. 重新设定软件系统。单击 / / 球体 按钮，在透视图中按住鼠标左键并拖曳鼠标，创建完成 1 个圆球体，并修改【参数】面板中的设置如图 3-3 所示。刚创建的球体是完整的球体，当【半球】参数设置为 "0.5" 时，就变成了半个球体了。

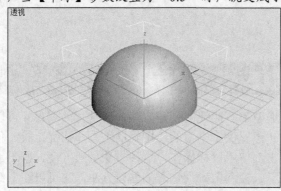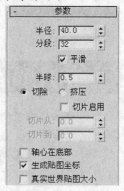

图 3-3 球体形态及参数设置

更改随机参数时，可以通过单击参数文本框右侧 按钮的上下箭头，也可以直接用键盘输入数值。在调整数值的过程中会发现，视图中球体的形态会同步发生变化。

2. 单击 按钮进入修改命令面板，将鼠标指针移到物体名称【Sphere01】右侧的颜色框上，如图 3-4 左图所示。

3. 单击鼠标左键，在弹出的【对象颜色】对话框中把颜色换为浅蓝色，如图 3-4 右图所示，单击 确定 按钮，圆锥体的颜色同步变为浅蓝色。可以根据需要自由选择颜色。

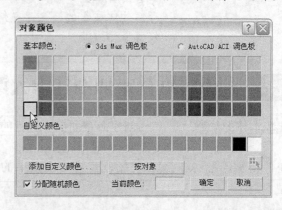

图 3-4 颜色框的位置及【对象颜色】对话框

4. 单击 / / 球体 按钮，在透视图中再创建 1 个半径为 "20" 的完整球体，并将其改为浅蓝色。单击 按钮，在其他正交视图中移动该圆球至半球上方，作为雪人的头部。单击右下角的视图导航控制区中的 按钮，调整透视图，使雪人造型在透视图中能够完全显示，位置如图 3-5 所示。调整结束后，在视图中单击右键取消该功能。

5. 单击 / / 圆环 按钮，在透视图中再创建 1 个圆环，参数如图 3-6 左图所示。

6. 单击 按钮，在其他正交视图中移动该圆环物体至半球上方，作为雪人的围脖，位置如图 3-6 右图所示。

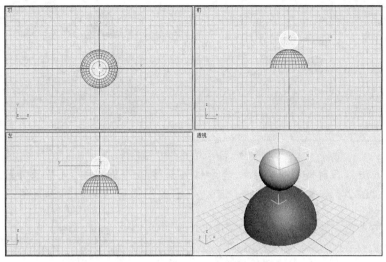

图 3-5　两个球体的相对位置

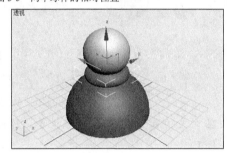

图 3-6　参数设置与圆环的位置

7. 单击 / / 圆锥体 按钮，在透视图中按住鼠标左键拖出锥体的底面，松开鼠标左键，拖动鼠标到合适高度后单击鼠标左键确定，再上下移动鼠标调节顶面大小，单击鼠标左键，创建完成 1 个圆锥体，修改颜色为红色，并修改参数。之后，将其移动至雪人的头上，作为帽子。参数及物体位置如图 3-7 所示。

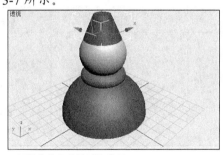

图 3-7　圆锥体的参数设置与位置

8. 激活前视图，单击视图导航控制区中的 按钮，使得头部在前视图中最大化显示。

9. 单击 / / 球体 按钮，并选中 自动删格 复选框。将指针放在前视图雪人的头部位置，此时会发现有一个跟随指针移动的轴心点。这个功能就是可以在任意三维物体表面创建其他的三维物体，无须再移动了。

10. 在雪人的眼睛位置按住鼠标左键并拖曳，就创建好了 1 个球体，设置【半径】值为"2.5"，并修改颜色为黑色。用相同方法在另一侧再创建 1 个球体，位置如图 3-8 所示。

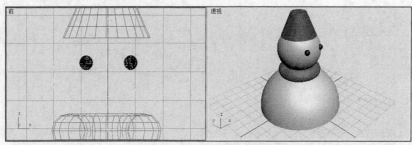

图 3-8　圆球体在各视图中的位置

11. 用相同的方法，在前视图中雪人的鼻子位置创建 1 个圆锥体，【半径 1】为 "1.5"，【半径 2】为 "0"，【高度】为 "12"。可以先生成任意形状的圆锥体再修改参数，位置如图 3-9 所示。

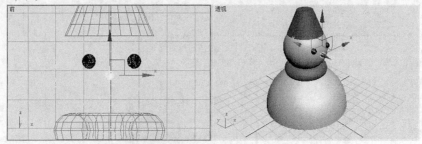

图 3-9　圆锥体在各视图中的位置

12. 用相同的方法在雪人的肚子上创建一些扣子。可以使用球体，也可以使用圆柱体。最终效果如图 3-2 所示。

13. 选择菜单栏中的【文件】/【保存】命令，将场景保存为 "03_雪人.max" 文件。

【知识链接】

下面以表格形式（见表3-1）列出标准基本体的图例及创建方法。

表3-1　　　　　　　　　　　　　标准基本体的图例及创建方法

名称及创建方法	图例	名称及创建方法	图例
长方体 1）按住鼠标左键拖出底面 2）松开鼠标左键移动生成高度 3）单击鼠标左键确定		几何球体 1）按住鼠标左键拖动 2）松开鼠标左键完成	
圆锥体 1）按住鼠标左键拖出底面 2）松开鼠标左键移动生成高度 3）单击鼠标左键移动鼠标，生成顶面 4）单击鼠标左键确定		圆柱体 1）按住鼠标左键拖出底面 2）松开鼠标左键移动生成高度 3）单击鼠标左键确定	

续 表

名称及创建方法	图例	名称及创建方法	图例
球体 1）按住鼠标左键拖动 2）松开鼠标左键完成		**管状体** 1）按住鼠标左键拖出底面 2）松开鼠标左键移动生成高度 3）单击鼠标左键确定	
圆环 1）按住鼠标左键拖出半径1 2）松开鼠标左键移动生成半径2 3）单击鼠标左键确定		**四棱锥** 1）按住鼠标左键拖出底面 2）松开鼠标左键移动生成高度 3）单击鼠标左键确定	
茶壶 1）按住鼠标左键拖动 2）松开鼠标左键完成		**平面** 1）按住鼠标左键拖出一个四方面 2）松开鼠标左键完成	

任务二 利用扩展基本体制作茶几

在 3ds Max 9 中，除了可以创建一些标准基本体外，还可以创建扩展基本体。所谓扩展基本体是指一些更加复杂的三维造型，其可调参数较多，造型较复杂，在学习过程中可反复调整各参数，同时观察物体外观的变化情况。

扩展基本体的创建，是在 创建命令面板中通过选择 标准基本体 ▼ 下拉列表中的 扩展基本体 ▼ 选项来实现的，创建命令面板如图 3-10 所示。

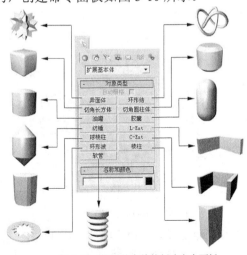

图 3-10 扩展基本体的创建命令面板

本任务将利用图 3-10 所示扩展基本体的创建命令面板中的扩展基本体创建一个茶几，效果如图 3-11 所示。

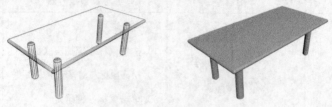

图 3-11　茶几物体

【步骤解析】

1. 重新设定软件系统。单击 � / ◉ / 标准基本体▼ 下拉列表框，在弹出的下拉列表中选择 扩展基本体▼ 选项。

2. 单击 切角长方体 按钮，在透视图中创建 1 个切角长方体，形态及参数设置如图 3-12 所示。

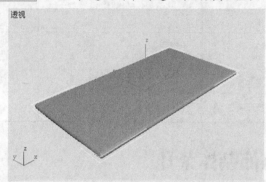

图 3-12　切角长方体形态及参数设置

3. 激活顶视图，按键盘上的 B 键，将其转换为底视图。

4. 单击 切角圆柱体 按钮，选中【对象类型】下的 □ 自动栅格复选框，在底视图中按住鼠标左键向下拖动，创建 1 个切角圆柱体。观察透视图，发现在切角长方体的底面上出现了 1 个黑色网格，这是程序自动生成的新的坐标网格，如图 3-13 左图所示。修改切角圆柱体参数设置如图 3-13 右图所示。

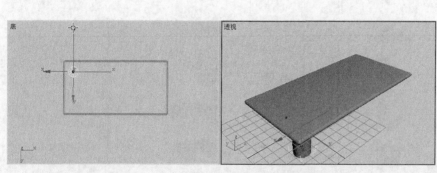

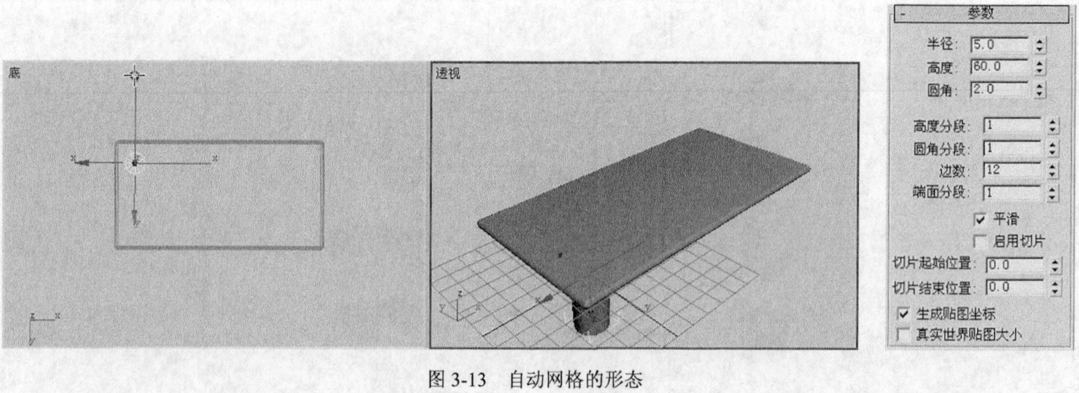

图 3-13　自动网格的形态

5. 单击 ✛ 按钮，在底视图中分别沿 x 轴、y 轴将其移动复制，结果如图 3-14 所示。

6. 选择菜单栏中的【文件】/【保存】命令，将场景保存为"03_茶几.max"文件。

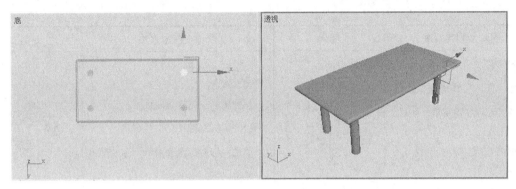

图 3-14 切角圆柱体复制后的位置

【知识链接】

下面以表格形式（见表3-2）给出扩展基本体的图例及创建方法。

表3-2 　　　　　　　　　　　　扩展基本体的图例及创建方法

名称及创建方法	图例	名称及创建方法	图例
异面体 1）按住鼠标左键拖动 2）松开鼠标左键完成		**环形结** 1）按住鼠标左键拖动 2）松开鼠标左键调节圆管半径 3）单击鼠标左键确定	
切角长方体 1）按住鼠标左键拖出底面 2）松开鼠标左键移动生成高度 3）单击鼠标左键移动鼠标，生成切角 4）单击鼠标左键确定		**切角圆柱体** 1）按住鼠标左键拖出底面 2）松开鼠标左键移动生成高度 3）单击鼠标左键移动鼠标，生成切角 4）单击鼠标左键确定	
油罐 1）按住鼠标左键拖出底面 2）松开鼠标左键移动生成高度 3）单击鼠标左键移动鼠标，生成切角 4）单击鼠标左键确定		**胶囊** 1）按住鼠标左键拖出底面 2）松开鼠标左键移动生成高度 3）单击鼠标左键确定	
纺锤 1）按住鼠标左键拖出半径 2）松开鼠标左键移动生成高度 3）单击鼠标左键移动鼠标，生成封口高度 4）单击鼠标左键确定		**L-Ext** 1）按住鼠标左键拖出底面 2）松开鼠标左键移动生成高度 3）单击鼠标左键移动鼠标，生成厚度 4）单击鼠标左键确定	

续表

名称及创建方法	图例	名称及创建方法	图例
球棱柱 1）按住鼠标左键拖出底面 2）松开鼠标左键移动，生成高度 3）单击鼠标左键移动鼠标，生成圆角 4）单击鼠标左键确定		**C-Ext** 1）按住鼠标左键拖出底面 2）松开鼠标左键移动，生成高度 3）单击鼠标左键移动鼠标，生成厚度 4）单击鼠标左键确定	
环形波 1）按住鼠标左键拖出底面 2）松开鼠标左键移动，生成环形宽度 3）单击鼠标左键确定		**棱柱** 1）按住鼠标左键确定底面的两个点 2）松开鼠标左键移动确定底面位置 3）单击鼠标左键移动鼠标，生成厚度 4）单击鼠标左键确定	
软管 1）按住鼠标左键拖出底面 2）松开鼠标左键移动，生成高度 3）单击鼠标左键确定			

任务三　复制工具的使用方法

在制作三维场景时，经常需要制作大量形态相同的物体，这时就可以通过复制功能来快速完成这项工作。在 3ds Max 9 中有【克隆】、【镜像】、【阵列】等多种常用的物体复制命令，熟练掌握这些命令将有效地提高工作效率。

（一）克隆复制茶壶

克隆复制功能是对选择的物体进行原地复制，复制的新物体与原物体重合，然后通过变换工具将复制的物体移动到新的位置，也可以在原地进行修改，通常利用克隆复制功能制作同心物体。

本任务就利用茶壶物体来讲解克隆复制的使用方法，茶壶形态如图 3-15 所示。

图 3-15　克隆茶壶物体

【步骤解析】

1. 重新设定软件系统。单击 　/ 　/ 　茶壶 　按钮，在透视图中创建 1 个【半径】为

"20"的茶壶物体。

2. 在视图中单击鼠标右键，取消创建状态。选择菜单栏中的【编辑】/【克隆】命令（快捷键为 Ctrl+V），在弹出的【克隆选项】对话框中选择【对象】/【复制】单选按钮，然后单击 确定 按钮，在原地克隆一个茶壶。

3. 激活前视图，单击 ✛ 按钮，将克隆出的茶壶沿 x 轴向左移动一段距离。

4. 选择原茶壶物体，再重复执行【克隆】命令，将茶壶以【实例】方式复制 1 个，并将克隆出的茶壶移动至右侧，3 个茶壶的位置如图 3-16 所示。

5. 选择原物体，单击 ⟋ 按钮进入修改命令面板，在【参数】面板中，取消【壶盖】的选中状态，此时右侧的茶壶也跟着变化，而左侧的茶壶并无变化，形态如图 3-17 所示。

图 3-16　3 个茶壶在透视图中的位置

图 3-17　修改后的茶壶物体形态

6. 选择菜单栏中的【文件】/【保存】命令，将场景保存为"03_克隆.max"文件。

【知识链接】

【克隆选项】对话框如图 3-18 所示，其中【复制】、【实例】和【参考】选项与在其他复制命令中的含义相同。

- 【复制】：将当前选择物体进行复制，各物体之间互不相关。
- 【实例】：以原物体为模板，产生一个相互关联的复制物体，改变其中一个物体参数的同时也会改变另外一个物体的参数。

图 3-18　【克隆选项】对话框

- 【参考】：以原物体为模板，产生单向的关联复制物体，原物体的所有参数变化都将影响复制物体，而复制物体在关联分界线以上所做的修改将不会影响原物体。在复制物体的修改器堆栈中，关联分界线的位置如图 3-19 所示。

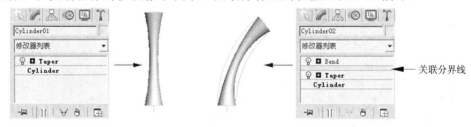

原物体　　【参考】物体

图 3-19　【参考】物体与原物体对照以及关联分界线的位置

还有一些与克隆复制有关的功能介绍如下。

- 取消关联关系的方法：单击修改器堆栈对话框下方的 ⌄ 按钮，可解除两个物体的关联状态。需要注意的是，一旦解除了关联状态，就无法再恢复了。

- 选择菜单栏中的【编辑】/【克隆】命令复制出来的物体是重叠在一起的，需要通过移动工具将其进行分离，才能看到复制效果。

（二） 镜像复制茶几

镜像复制命令可产生一个或多个物体的镜像。镜像物体可以选择不同的克隆方式，同时还可以沿着多个坐标轴进行偏移镜像。

下面就利用镜像复制功能制作 1 个茶几物体，其形态如图 3-20 所示。

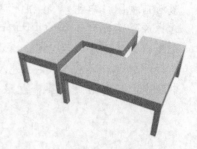

图 3-20 茶几形态

【步骤解析】

1. 选择菜单栏中的【文件】/【打开】命令，打开 "Scenes\03_镜像.max" 文件。

2. 在顶视图中选择所有物体，单击主工具栏中的 ▷◁ 按钮，在弹出的【镜像】对话框中设置各参数如图 3-21 左图所示，然后单击 确定 按钮。此时，镜像物体在透视图中的形态如图 3-21 右图所示。

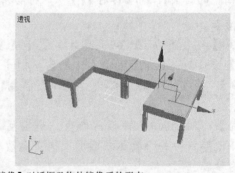

图 3-21 【镜像】对话框及物体镜像后的形态

> 在镜像物体时，镜像轴是根据当前激活视图的屏幕坐标系而定的。因此在不同的对话框中做镜像时所选的镜像轴会有区别。

3. 利用相同的方法，在顶视图中选择所有物体，沿 y 轴以【复制】方式镜像 "-40"，镜像结果如图 3-22 所示。

   镜像复制功能还能以平面为基准进行镜像。

4. 单击主工具栏中的 ↶ 按钮，取消上一步操作，直至恢复到原始形态（或重新打开 "03_镜像" 文件）。在顶视图中选择所有的物体，单击主工具栏中的 ▷◁ 按钮，在弹出的【镜像】对话框中选择 xy 面为镜像面，在【克隆选项】对话框中单击【复制】单选按钮，单击 确定 按钮。

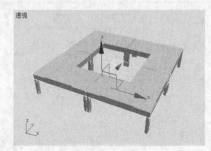

图 3-22 镜像结果

5. 单击主工具栏中的 ✛ 按钮，在顶视图中选择镜像后的物体，并沿 *xy* 面进行移动，结果如图 3-20 所示。

6. 选择菜单栏中的【文件】/【另存为】命令，将场景另存为"03_镜像_ok.max"文件。

【知识链接】

【镜像】对话框部分选项含义如下。

- **【偏移】**：指定镜像物体与源物体之间的距离，距离值是通过两个物体的轴心点来计算的。
- **【不克隆】**：只镜像物体，不进行复制。

（三）　阵列复制

阵列复制功能用于创建当前选择物体的阵列（即一连串的复制物体），可以产生一维、二维、三维的阵列复制，常用于大量有序地复制物体。

阵列复制可以对物体进行移动阵列复制和旋转阵列复制，下面就介绍这两种阵列复制的使用方法。

🔑　**利用移动阵列复制花格地砖**

移动阵列复制是对物体设置 3 个轴向（*x*、*y*、*z*）上的偏移量，形成矩形阵列效果。下面就利用移动阵列复制制作花格地砖物体，效果如图 3-23 所示。

图 3-23　花格地砖

【步骤解析】

1. 选择菜单栏中的【文件】/【打开】命令，打开"Scenes\03_移动阵列.max"文件。

2. 在透视图中选择场景中的物体，选择菜单栏中的【工具】/【阵列】命令，在弹出的【阵列】对话框中设置参数，如图 3-24 所示。

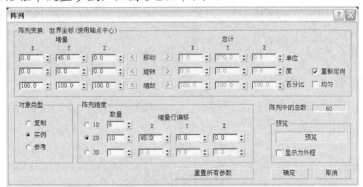

图 3-24　【阵列】对话框中的参数设置

3. 单击【阵列】对话框中的 预览 按钮，可以在透视图中看到阵列的预览结果。

4. 单击 确定 按钮，关闭【阵列】对话框。

5. 选择菜单栏中的【文件】/【另存为】命令，将场景另存为"03_移动阵列_ok.max"文件。

利用旋转阵列复制餐桌

旋转阵列复制是对物体设置 3 个轴向上的旋转角度值，形成环形阵列效果。下面就利用旋转阵列复制制作餐桌场景，效果如图 3-25 所示。

图 3-25　餐桌场景

1. 选择菜单栏中的【文件】/【打开】命令，打开"Scenes\03_旋转阵列.max"文件。

2. 单击 ⟳ 按钮，在透视图中选择场景中的椅子物体，在主工具栏 视图 ▼ 参考坐标系对话框中选择【拾取】项，然后在透视图中的圆桌面上单击鼠标左键，拾取它的坐标为当前坐标系统，此时 视图 ▼ 对话框中的名称变为【Donut01】。

> 如果在 ⟳ 状态下设置了新的坐标系统，那么在改变操作状态时，如转换为 ✛ 状态，参考坐标系对话框中的选项就会发生变化，因此在进行操作时，最好确认参考坐标系对话框中的名称为【Donut01】。

3. 在 🖫 按钮上按住鼠标左键不放，在打开的按钮组中选择 🖫 按钮。

4. 选择菜单栏中的【工具】/【阵列】选项，在弹出的【阵列】对话框中设置参数如图 3-26 所示，然后单击 确定 按钮，阵列结果如图 3-25 所示。

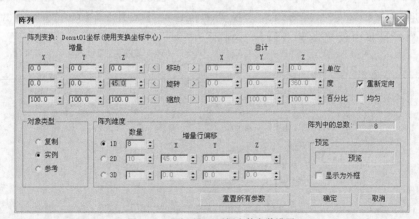

图 3-26　【阵列】对话框中的参数设置

5. 选择菜单栏中的【文件】/【另存为】命令，将场景另存为"03_旋转阵列_ok.max"文件。

【知识链接】

- ▢（使用自身轴心）按钮：使用物体自身的轴心点作为变换的中心点。如果同时选择了多个物体，则针对各自的轴心点进行变换操作。
- ▢（使用坐标系轴心）按钮：使用当前坐标系统的轴心作为所有选择物体的轴心。

【阵列】对话框中的选项含义如下。

- 【移动】：分别设置 3 个轴向上的偏移值。
- 【1D】：设置一维阵列（线）产生的物体总数，可以理解为行数。
- 【2D】：设置二维阵列（面）产生的物体总数，可以理解为列数，右侧的【X】、【Y】、【Z】用来设置新的偏移值。
- 【3D】：设置三维阵列（体）产生的物体总数，可以理解为层数，右侧的【X】、【Y】、【Z】用来设置新的偏移值。
- [　　　预览　　　] 按钮：单击此按钮，可在不关闭【阵列】对话框的情况下在视图中预览阵列结果。

任务四 利用对齐工具组合雕塑场景

在搭建许多精度要求较高的三维场景时，通常要求物体之间沿某一基准进行严格对齐，此时如果使用传统的移动工具将无法满足精度方面的要求。3ds Max 9 提供了功能强大的对齐工具，可以沿任意轴向、任意边界进行多方位对齐。在主工具栏中的 ◆ 按钮上按住鼠标左键不放，在打开的对齐按钮组中包含了常用的对齐工具按钮，包括【快速对齐】、【法线对齐】等工具。

本任务将利用几种常用的对齐方法，制作一个雕塑场景，效果如图 3-27 所示。

图 3-27 将物体对齐组装成雕塑场景

🔑 快速对齐

快速对齐工具主要用于两个物体的轴心点对齐，该功能是对齐工具的简化版。

【步骤解析】

1. 选择菜单栏中的【文件】/【打开】命令，打开"Scenes\03_对齐.max"文件。
2. 在透视图中选择圆锥体，单击对齐按钮组中的 ◆ （快速对齐）按钮。
3. 在透视图中的方形物体上单击鼠标左键，位置如图 3-28 左图所示，使圆锥体与方形物体的轴心点对齐，结果如图 3-28 右图所示。

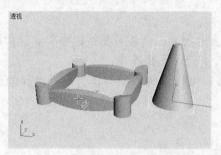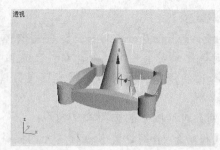

图 3-28　快速对齐物体

多方位对齐

多方位对齐工具可以准确地将一个或多个物体对齐于另一物体的特定位置，比手工移动要精确得多，是非常有用的定位工具。

【步骤解析】

1. 接上例。选择球体，单击 ◆ 按钮，将鼠标指针放在圆锥体上，此时鼠标指针形态如图 3-29 所示。

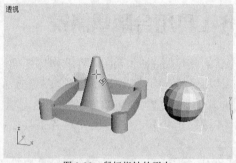

图 3-29　鼠标指针的形态

在使用对齐工具之前，被选中的物体是原物体，该物体将在对齐操作中产生位移。激活 ◆ 按钮后再选择的物体为目标物体，该物体只起到提供基准点的作用，不会产生位移。若没有物体被选择，则无法激活 ◆ 按钮。

2. 单击鼠标左键，在弹出的【对齐当前选择】对话框中选择【当前对象】/【中心】和【目标对象】/【中心】单选按钮，确认【X 位置】、【Y 位置】和【Z 位置】选项为选中状态，如图 3-30 左图所示，然后单击 应用 按钮，两个物体呈中心对齐状态，如图 3-30 右图所示。

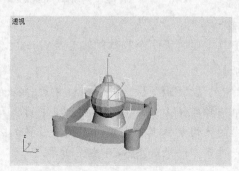

图 3-30　【对齐当前选择】对话框形态及对齐结果（1）

说明

此时，【对齐当前选择】对话框并不关闭，但各轴选项均恢复为默认状态。

3. 在【对齐当前选择】对话框中选中【Y 位置】选项，选择【当前对象】/【最大】和【目标对象】/【最小】单选按钮，如图 3-31 左图所示。

4. 单击 确定 按钮，此时【对齐当前选择】对话框自动关闭。球体位于圆锥体的顶部，结果如图 3-31 右图所示。

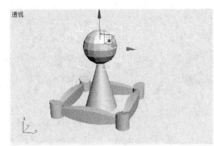

图 3-31　【对齐当前选择】对话框形态及对齐结果（2）

【知识链接】

◆命令的用法十分灵活，通过使用 应用 按钮既可以实现多次对齐操作，也可以实现单次对齐操作。该功能的可定位点也非常多，可以对齐物体的中心、轴心、边界等。

【对齐当前选择】对话框中常用的几个选择项含义如下。

- 【对齐位置】：在其下的 3 个选项中选择对齐轴向，可以单向对齐，也可以多向对齐。
- 【当前对象】/【目标对象】：分别指定当前对象与目标对象的对齐位置。如果让 A 与 B 对齐，那么 A 为当前对象，B 为目标对象。
- 【最小】：以物体表面最靠近另一物体选择点的方式进行对齐。
- 【中心】：以物体中心点与另一物体的选择点进行对齐。
- 【轴点】：以对象的轴心点与另一对象的选择点进行对齐。
- 【最大】：以物体表面最远离另一物体选择点的方式进行对齐。

🔑　法线对齐

法线是定义面或顶点指向方向的向量。法线的方向指示了面或顶点的正方向，如图 3-32 所示。

法线对齐可以产生两个物体沿指定表面相切或相贴的效果，根据设置可以产生内切或外切，如图 3-33 所示。相切或相贴的物体同时可以进行位置的偏移以及法线轴上的角度旋转。

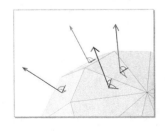

图 3-32　不同面的法线指向

外切效果

内切效果

图 3-33　法线对齐的外切及内切效果

【步骤解析】

1. 接上例。在透视图中选择射灯物体，利用快捷键 Ctrl+V，将其在原地以【实例】方式克隆 1 个。

2. 单击 按钮组中的 按钮，将指针放在射灯顶部的平面上，位置如图 3-34 左图所示。单击鼠标左键，在射灯平面上出现 1 条蓝色法线标记，如图 3-34 中图所示。在一个射灯座的平面上单击，拾取其法线，位置如图 3-34 右图所示。

图 3-34　分别拾取射灯和射灯座的法线

3. 在弹出的【法线对齐】对话框中单击 确定 按钮，【法线对齐】对话框形态如图 3-35 左图所示，此时射灯就贴到了射灯座的顶面，效果如图 3-35 右图所示。

4. 利用相同方法为其他射灯座添加射灯，结果如图 3-36 所示。

图 3-35　【法线对齐】对话框形态及法线对齐后的结果

图 3-36　法线对齐效果

5. 选择菜单栏中的【文件】/【另存为】命令，将场景另存为"03_对齐_ok.max"文件。

【知识链接】

【法线对齐】对话框中各选项含义如下。

- 【位置偏移】：设置物体对齐后沿各轴向的偏移距离，距离值由切点处计算。
- 【角度】：设置物体沿切线轴向旋转的角度。
- 【翻转法线】：将物体在法线方向上翻转镜像，变为内切方式。

任务五　利用三维网格捕捉制作圆亭子

3ds Max 9 的捕捉工具极大地丰富了其建模功能，尤其是精确建模。捕捉工具在创建和变换物体或子物体时，可以帮助捕捉几何体的特定部分。本任务着重介绍利用三维网格捕捉工具创建如图 3-37 所示的亭子。

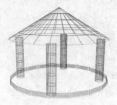

图 3-37　亭子效果

【步骤解析】

1. 重新设定软件系统。选择主工具栏中的 🧲³ 按钮，单击鼠标右键，打开【栅格和捕捉设置】对话框，确认其中的【栅格点】复选框为被选中状态，设置如图 3-38 所示。

2. 关闭【栅格和捕捉设置】对话框。

3. 单击创建命令面板中的 圆柱体 按钮，激活顶视图，此时指针上会有 1 个蓝色捕捉标记，该标记会自动附着在最靠近指针的网格交叉点上，如图 3-39 左图所示。

图 3-38 【栅格和捕捉设置】对话框形态

4. 捕捉视窗中心十字交叉点，按住鼠标左键并拖曳，然后捕捉另一个网格点，位置如图 3-39 右图所示。松开鼠标左键再向上移动一小段距离，生长出高点，创建一个圆柱物体作为地面，确认或修改圆柱物体的参数，【半径】为"100"，【高度】为"10"。

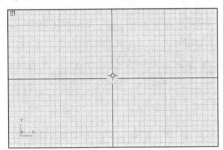 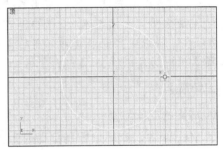

图 3-39 捕捉网格点绘制圆柱物体

> 网格捕捉时，默认状态下，每一小格是 10 个单位，每一大格为 10 个小格，所以当指针从网格的中心点出发，移动一大格时，就知道该圆柱物体的半径是 100 了。每一小栅格代表多少个单位，可以看视窗下方状态栏中的提示 栅格 = 10.0 。

5. 然后再以图 3-40 左图所标注出来的 4 个点为圆心，创建 4 根【半径】为 10，【高度】为"100"的圆形柱子，效果如图 3-40 右图所示。

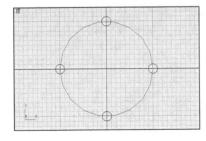 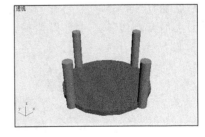

图 3-40 创建 4 根圆柱

6. 单击创建命令面板中的 圆锥体 按钮，以前视图网格中心点为圆心，创建 1 个与圆形地面半径相同的 1 个圆锥体，作为亭子顶，参数设置与位置如图 3-41 所示。

7. 激活透视图，单击主工具栏中的 ✥ 按钮，单击坐标显示及输入对话框中的 回 (绝对模式变换输入) 按钮，使其变为 ♞ (偏移模式变换输入) 状态。

8. 在【Z】选项右侧的文本框内输入"100"，使物体沿 z 轴上移，圆锥形物体就自动移动到 4 个柱子的顶端了。此时，可以修改圆柱地面的【半径】为 "120"，圆锥体的【半径 1】为 "120"，使得 4 根柱子进入亭子内部。在透视图中的形态如图 3-42 所示。

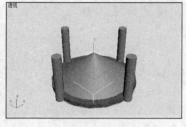

图 3-41　圆锥形亭子顶的参数设置与位置　　　　　　图 3-42　亭子效果

【知识链接】

- ⊡（绝对模式变换输入）：以世界坐标原点为基准，标识当前物体的绝对坐标、绝对角度和绝对比例，常用来观察当前物体的状态。

- ↕（偏移模式变换输入）：以物体的当前位置为坐标原点，常用来为物体做变动修改，修改时只要直接输入坐标偏移量即可。

9. 选择菜单栏中的【文件】/【保存】命令，将场景以 "03_圆亭子.max" 为名保存。

【知识拓展】

🔑　捕捉的空间位置

在 3ds Max 9 中，空间位置捕捉可分为 ⌖² 二维捕捉、⌖²·⁵ 2.5 维捕捉和 ⌖³ 三维捕捉，这些按钮都是重叠在一起的，各自的含义如下。

- ⌖² 二维捕捉：只捕捉当前视图中栅格平面上的曲线和无厚度的表面造型，对于有体积的造型则无效，通常用于平面图形的捕捉，如图 3-43 所示。

图 3-43　二维捕捉只能捕捉到栅格平面上的点

- ⌖²·⁵ 2.5 维捕捉：这是一个介于二维与三维空间的捕捉设置，不但可以捕捉到当前平面上的点、线等，也可以捕捉到三维空间中的物体在当前平面上的投影，如图 3-44 所示。

图 3-44　2.5 维捕捉只能在栅格上创建物体

- ⌖³ 三维捕捉：直接在三维空间中捕捉所有类型的物体，如图 3-45 所示。

图 3-45　三维捕捉效果

🔑 捕捉选项

【栅格和捕捉设置】对话框中提供了所有可用的捕捉选项，参数面板如图 3-46 所示。下面介绍几种常用的捕捉选项。

图 3-46　【栅格和捕捉设置】对话框形态

- 【栅格点】捕捉：捕捉到栅格交点。这是默认选项，如图 3-47 所示。

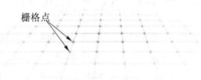

图 3-47　【栅格点】捕捉

- 【轴心】捕捉：捕捉到对象的轴心点，如图 3-48 所示。

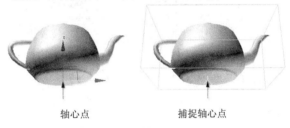

图 3-48　【轴心】捕捉

- 【项点】捕捉：捕捉到网格对象的顶点或可以转换为可编辑网格对象的顶点，如图 3-49 所示。

图 3-49　【顶点】捕捉

- 【端点】捕捉：捕捉到网格边的端点或样条线的顶点，特别适用于二维曲线画线时的捕捉，如图 3-50 所示。

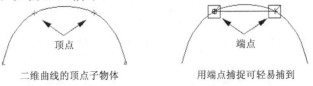

图 3-50　【端点】捕捉

- 【边/线段】捕捉：捕捉网格对象的边或样条线分段的任何位置。尤其是在【墙】物体上创建【门】、【窗】物体时，这种捕捉非常有用，如图 3-51 所示。

在【墙】物体上创建【门】的捕捉过程　　　　　　　　完成后的效果

图 3-51　【边/线段】捕捉

任务六　利用物体成组功能组装机器人

【成组】命令可以将零散的物体集合成一个新的物体，以便对集成后的整体进行修改和加工以及动画制作等操作。成组功能完成的并不是物体合并操作，而是将零部件捆绑在一起形成一个整体，所有零件都保留其独立的原始参数，在必要时可解开成组分别进行修改。成组操作如图 3-52 所示。

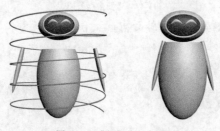

图 3-52　成组操作示意图

【步骤解析】

1. 选择菜单栏中的【文件】/【打开】命令，打开 "Scenes\03_机器人.max" 文件。
2. 在透视图中选择所有物体，选择菜单栏中的【组】/【成组】命令，在弹出的【组】对话框中使用其默认的 "组 01" 的名字，单击 确定 按钮，物体就以 "组 01" 为名结合成组。
3. 激活前视图，单击主工具栏中的 ✛ 按钮，按住键盘上的 Shift 键，将物体沿 x 轴向右移动复制 2 个。
4. 选择中间的 "组 02" 物体，再选择菜单栏中的【组】/【打开】命令，打开此物体的成组状态。

> 此时群组会被一个红色的套框所包围，该套框就是组的虚拟线框物体。移动套框的同时也会移动组中的所有物体。删除该套框，表示解除成组状态，等同于【组】/【解组】命令。

5. 单击主工具栏中的 ◉ 按钮，使其变为 ◉ 状态。
6. 选择图 3-53 左图所示的物体，按键盘上的 Delete 键，将其删除，结果如图 3-53 右图所示。
7. 在打开成组的物体中选择任何一个物体，再选择菜单栏中的【组】/【关闭】命令，恢复其成组状态。

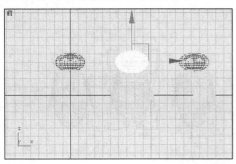 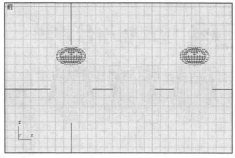

图 3-53 选择物体并将其删除

8. 选择菜单栏中的【文件】/【另存为】命令，将场景另存为"03_机器人_ok.max"文件。

【知识链接】

成组命令中的其他选项含义如下。

- 【解组】：将成组的物体取消组的设置，如果是多次成组物体，此命令只能取消一次成组状态。
- 【附加】：将新的物体加入到一个群组中。
- 【分离】：将组中选择的个别物体分离出组。
- 【炸开】：取消所选组物体中的全部组，得到的将是全部分散的物体，不再包含任何组。

实训一 制作钟表

要求：利用基本几何物体和旋转阵列功能做出如图 3-54 所示的钟表物体。

【步骤解析】

1. 利用长方体旋转阵列出钟表上的刻度。
2. 利用圆环制作钟表的轮廓，然后利用圆锥体旋转复制出时针和分针。
3. 最后利用标准基本体制作钟表的其他部件，制作流程如图 3-54 所示。

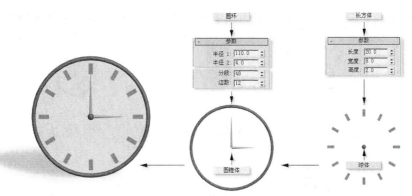

图 3-54 钟表的制作流程

4. 选择菜单栏中的【文件】/【保存】命令，将场景保存为"03_钟表.max"文件。

实训二 建筑物组合建模

要求：利用基本几何体和复制功能制作如图 3-55 所示的高层建筑物。

图 3-55 高层建筑效果图

【步骤解析】

1. 利用标准基本体和扩展基本体制作阳台和窗户，制作流程如图 3-56 所示。

图 3-56 利用基本体制作阳台和窗户

2. 先创建标准层的一部分，然后再复制出另一部分，制作流程如图 3-57 所示。

图 3-57 制作标准层

3. 利用移动复制功能复制生成其他标准层。

4. 利用环形结和圆环制作标志，并利用长方体制作出楼顶，制作流程如图 3-58 所示。

图 3-58 制作楼顶

5. 选择菜单栏中的【文件】/【保存】命令，将场景保存为 "03_高层.max" 文件。

项目小结

本项目介绍了标准基本体和扩展基本体的创建方法，这些几何物体都是参数化物体，可以通过参数调节变换出千变万化的形态。系统给出的几何物体在经过巧妙的组合和参数修改后，能搭建出复杂的造型，这也是三维动画制作过程中建模的基本功，读者在课后应多做这方面的练习。

功能是比较常用的，尤其是在倾斜的物体表面创建一个新的物体时，该功能就显得非常方便，但在进行一般操作时应注意取消选中该复选框，以免造成误操作。

本项目还讲解了复制、对齐、捕捉、成组等绘图辅助工具的使用方法，这些都是在三维制作过程中经常用到的工具。它们既可以增加绘图精度，又可以提高工作效率，是必不可少的建模工具。

成组命令与显示命令可以有效地简化场景，方便操作，是制作大型场景常用的辅助工具。

思考与练习

1. 利用切角长方体和复制、镜像功能搭建如图 3-59 所示的沙发物体。

图 3-59　搭建沙发

2. 利用基本几何物体和扩展几何物体搭建如图 3-60 所示的卧室场景。

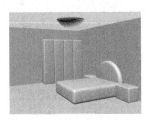

图 3-60　卧室场景

项目四

常用建筑构件建模

3ds Max 9 专门为用户提供了面向建筑工程设计（AEC）行业的建模工具，如门、窗、墙和楼梯等，使得设计创意在 3ds Max 9 中更容易地用三维方式表现出来。这些建筑构件都有完备的参数，可以精确地调整各部分的尺寸，非常适合建筑设计领域使用。同时，这些构件还有一些智能化的功能，如在墙物体上安装门窗时，系统会自动在墙物体上抠出门窗洞，而且位置会随着门窗的移动而自动变化。

学习目标

熟练掌握楼梯的创建和调节方法。
熟练掌握栏杆的两种创建方法。
熟练掌握墙的创建和修改方法。
熟练掌握门的创建和修改方法。
熟练掌握窗的创建和修改方法。
熟练掌握植物的创建和修改方法。

任务一 创建楼梯

在 3ds Max 9 中，楼梯被分为螺旋楼梯、直线楼梯、L 型楼梯和 U 型楼梯 4 种，它们是在 （创建）命令面板中通过选择 标准基本体 ▼ 下拉列表中的 楼梯 ▼ 选项来实现的，创建命令面板形态如图 4-1 所示。

本任务将创建一个如图 4-2 所示的 L 型楼梯。

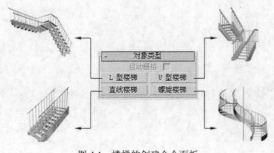

图 4-1　楼梯的创建命令面板

图 4-2　L 型楼梯形态

（一）　创建 L 型楼梯

下面以 L 型楼梯的创建为例，介绍楼梯的创建方法。在以后创建其他各种楼梯时，许多参数的调节方法都与之类似。

【步骤解析】

1.　重新设定软件系统。在创建面板的 标准基本体 ▼ 下拉列表中选择 楼梯 ▼ 选项，如图 4-3 所示。

2.　单击【对象类型】面板中的 L 型楼梯 按钮。

3.　在透视图中按住鼠标左键并拖动鼠标，设置第 1 段的长度。

4.　松开鼠标左键，然后移动鼠标指针并单击，设置第 2 段的长度、宽度和方向。

5.　将鼠标向上移动设置楼梯的高度，然后单击鼠标左键创建完毕。创建过程如图 4-4 所示。

图 4-3　【楼梯】选项位置

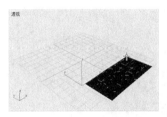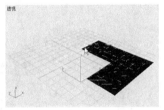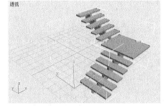

图 4-4　L 型楼梯的创建过程

（二）　修改楼梯的形态

L 型楼梯创建完毕进入修改命令面板后，出现以下 4 个参数面板。

- 【参数】面板：设置楼梯高度、踏步等基本参数。
- 【支撑梁】面板：设置支撑梁的高度、宽度等参数。
- 【栏杆】面板：设置扶手的半径等参数。
- 【侧弦】面板：设置楼梯侧弦的基本参数。

下面就对几个常用参数进行调节。

【步骤解析】

1.　单击 按钮进入修改命令面板，在【参数】面板中的【类型】栏内选择【开放式】单选按钮，在【布局】栏内设置楼梯的长度和宽度，楼梯形态与【参数】面板中的设置如图 4-5 所示。

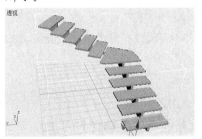

图 4-5　楼梯在透视图中的形态及【参数】面板中的设置

【知识链接】

在【类型】选项组中选择不同的选项时，楼梯形态如图4-6所示。

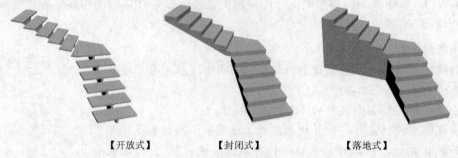

【开放式】　　　　　　【封闭式】　　　　　　【落地式】

图4-6　L型楼梯的各种形态

2. 在【生成几何体】栏中选中【侧弦】复选框，沿着楼梯踏步的末端创建楼梯侧弦，然后在【侧弦】面板中修改侧弦的参数设置，如图4-7左图所示。此时，楼梯形态如图4-7右图所示。

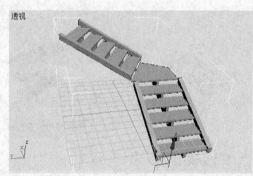

图4-7　【侧弦】面板及楼梯形态

3. 选中【扶手】选项右侧的【左】和【右】复选框，创建左右两边的栏杆扶手，并修改【栏杆】面板中的参数设置，如图4-8左图所示。此时，楼梯形态如图4-8右图所示。

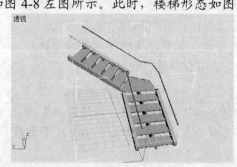

图4-8　【栏杆】面板及楼梯形态

4. 选择菜单栏中的【文件】/【保存】命令，将此场景以"04_楼梯.max"为名保存。

【知识链接】

【栏杆】面板中的各参数含义如下。

- 【高度】：用于设置扶手的高度。
- 【偏移】：用于设置扶手的偏移值，值越大，扶手越向内收缩，当值为"0"时，与楼梯宽度相等。

- 【分段】：用于设置扶手的段数，值越高，中心杆越平滑。
- 【半径】：用于设置扶手的半径大小。

任务二 创建栏杆

【栏杆】按钮专门用于创建栏杆，也可以创建栏杆的一部分，包括扶手、篱笆等。本任务将在已有楼梯上创建栏杆，效果如图4-9所示。

图4-9 栏杆形态

（一） 栏杆的创建过程

下面沿一条曲线路径生成一组栏杆。

【步骤解析】

1. 选择菜单栏中的【文件】/【打开】命令，打开"Scenes\04_楼梯.max"文件。
2. 在透视图中选择楼梯，单击 ✏ 按钮进入修改命令面板。选择【参数】/【生成几何体】/【扶手路径】的【左】、【右】2个单选按钮，生成扶手路径，并取消【扶手】/【左】、【右】的选定状态，扶手路径形态如图4-10所示。
3. 在【栏杆】面板内将【高度】值设为"0"，使扶手路径落在侧弦上，结果如图4-11所示。

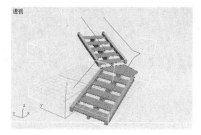

图4-10 扶手路径形态

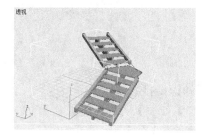

图4-11 降低扶手路径的高度

4. 单击 ▶ / ● 按钮，在 标准基本体 ▼ 下拉列表中选择 AEC 扩展 ▼ 选项。
5. 单击【对象类型】面板中的 栏杆 按钮。
6. 单击【栏杆】面板中的 拾取栏杆路径 按钮，将鼠标指针放在透视图中栏杆的路径上，此时鼠标指针变为如图4-12左图所示的形态。
7. 单击鼠标左键，拾取直线段，此时在透视图中出现栏杆的形态，如图4-12右图所示。

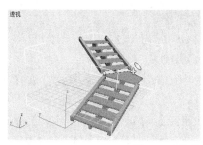

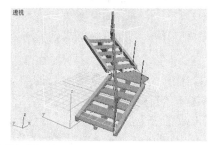

图4-12 鼠标指针和栏杆的位置及形态

（二） 修改栏杆的形态

栏杆创建好后，进入修改命令面板，打开【栏杆】、【立柱】和【栅栏】3个参数面板，分别对栏杆上的这 3 个部分进行调节，各部分划分如图 4-13 所示。

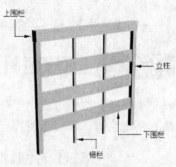

图 4-13　栏杆的各部分划分

【步骤解析】

1. 接上例。单击 📝 按钮进入修改命令面板，在【栏杆】面板中将【分段】值设为 "20"，增加栏杆的段数，使其变得平滑。

2. 在【栏杆】面板中将【上围栏】/【剖面】设置为 "圆形"，【下围栏】/【剖面】设置为 "圆形"，如图 4-14 左图所示，栏杆在透视图中的形态如图 4-14 右图所示。

图 4-14　【栏杆】面板及栏杆在透视图中的形态

【知识链接】

- 【剖面】：用于设置栏杆的外形，其下拉列表中包括 "无"、"圆形" 和 "方形" 3 个选项。

- 【匹配拐角】：沿路径生成栏杆时，使栏杆匹配路径的拐角，产生带拐角的栏杆，带拐角和不带拐角栏杆的形态如图 4-15 所示。

选中【匹配拐角】　　　　　不选中【匹配拐角】

图 4-15　选中【匹配拐角】前后的效果比较

3. 展开【立柱】面板，此面板用来设置立柱的外形轮廓、深度和宽度。在【剖面】下拉列表中选择 "圆形"。

4. 单击【栏杆】面板内的 ⋯ 按钮，打开【立柱间距】对话框，将【计数】值设为 "4"，如图 4-16 左图所示。单击 关闭 按钮，此时栏杆形态如图 4-16 右图所示。

5. 展开【栅栏】面板，此面板主要针对栏杆的栅栏部分进行参数设置。设置【支柱】/【剖面】选项为 "圆形"，如图 4-17 所示。

6. 单击【支柱】选项栏内的 ⋯ 按钮，打开【支柱间距】对话框，将【计数】值设为 "3"，然后单击 关闭 按钮，此时栏杆形态如图 4-18 所示。

图 4-16　【立柱间距】对话框及栏杆形态

图 4-17　【栅栏】面板

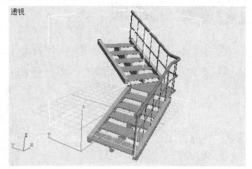

图 4-18　栏杆形态

【栅栏】面板内的【类型】项用来设置栅栏的形态，包括"无"、"支柱"和"实体填充" 3 个选项。当选择"支柱"时，利用【支柱】选项组中的选项可对其深度、宽度和偏移值等进行调节。当选择"实体填充"时，其下【实体填充】选项组中的选项方可使用。

7. 单击创建命令面板中的 栏杆 按钮，利用相同的方法拾取另一侧的栏杆路径，3ds Max 9 会根据上次调好的参数直接生成栏杆，不用再进行参数设置，结果如图 4-19 所示。

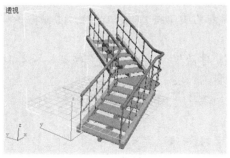

图 4-19　栏杆形态

8. 选择菜单栏中的【文件】/【另存为】命令，将场景另存为"04_栏杆.max"文件。

【知识拓展】

除了上述的沿曲线路径创建栏杆外，还有另一种栏杆创建方法——直接创建直线栏杆。

【步骤解析】

1. 单击 / 按钮，在 标准基本体 下拉列表中选择 AEC 扩展 选项。
2. 单击【对象类型】面板中的 栏杆 按钮。

3. 在透视图中按住鼠标左键拖出栏杆的长度。松开鼠标左键，在合适的位置单击生成栏杆的高度，创建完毕，栏杆形态如图 4-20 所示。

图 4-20　创建直线栏杆

任务三　创建墙

在 3ds Max 9 中，墙物体由 3 个子物体类型构成，即"顶点"、"分段"和"剖面"，这些子物体可以在修改面板中进行修改。本任务将利用墙体来搭建一个小木屋，效果如图 4-21 所示。

图 4-21　木屋效果

（一）　墙体的创建过程

下面介绍墙体的创建方法。

【步骤解析】

1. 重新设定软件系统。用鼠标右键单击 按钮，打开【栅格和捕捉设置】对话框，设置捕捉方式为【栅格点】。

2. 关闭【栅格和捕捉设置】对话框，然后单击 按钮，将其激活。
   下面就以栅格数来确定墙的长度。

3. 单击 / 按钮，在 标准基本体 下拉列表中选择 AEC 扩展 选项。

4. 单击【对象类型】面板中的 墙 按钮，在顶视图中创建长约 4 个栅格、宽约 3 个栅格的墙体，形态如图 4-22 所示。

5. 闭合墙体时，在弹出的【是否要焊接点】对话框中单击 是(Y) 按钮，并单击鼠标右键。

6. 在【参数】面板中将【宽度】值设为"30"、【高度】值设为"270"，增加墙的宽度和高度。

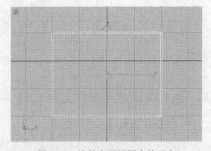

图 4-22　墙体在顶视图中的形态

【知识链接】

单击 墙 按钮后，弹出如图 4-23 所示的【参数】面板，可直接调整墙的尺寸。

【参数】面板中常用参数解释如下。

- 【宽度】/【高度】：分别用来设置墙的宽度和高度。
- 【左】/【居中】/【右】：分别用来设置墙与墙之间的对齐方式，如图4-24所示。

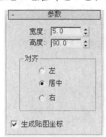

图4-23　【参数】面板

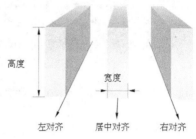

图4-24　【墙】参数示意图

（二）　修改墙的形态

创建好墙后，如果想进一步修改墙的尺寸和形状，就需要进入修改命令面板，在修改器堆栈窗口中单击【Wall】左侧的 田 按钮，展开其子物体选项进行调整。在这里有【顶点】、【分段】和【剖面】3种方式，选择不同的子物体，修改命令面板中会打开不同的参数面板。

【步骤解析】

1. 接上例。单击 按钮进入修改命令面板，在修改器堆栈窗口中选择【Wall】/【剖面】选项，在图 4-25 所示的顶视图中的轮廓线位置上单击鼠标左键，创建这一侧的临时网格。

2. 将【编辑剖面】/【高度】的值设为"400"，然后单击 创建山墙 按钮，建立一面高为400的山墙，如图4-26所示。

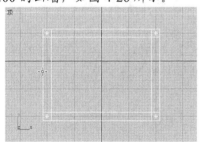

图4-25　指针在顶视图中的位置

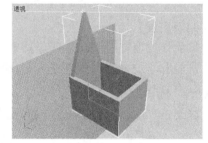

图4-26　山墙的形态

3. 用相同的方法在相对的一面墙上再做出山墙效果，如图4-27所示。

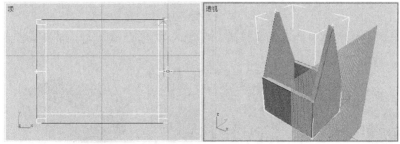

图4-27　山墙的位置及形态

4. 关闭三维捕捉。

5. 单击创建命令面板中的 墙 按钮，在左视图中沿山墙边缘创建 1 个带夹角的墙体作为屋顶，其位置如图 4-28 左图所示，在顶视图中将其移动到墙体的右边，位置如图 4-28 右图所示。

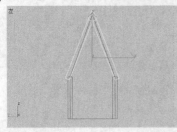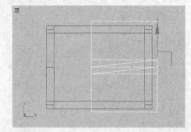

图 4-28　屋顶的位置

6. 单击 按钮进入修改命令面板，在修改器堆栈窗口中选择【Wall】/【分段】选项，在顶视图中框选屋顶线型，使其呈红色显示。

7. 在【编辑分段】面板中，将【参数】/【高度】的值设为 "480"，增加屋顶的横向宽度，此时屋顶形态如图 4-29 所示。

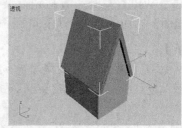

图 4-29　屋顶在顶、透视图中的位置及形态

8. 选择菜单栏中的【文件】/【保存】命令，将场景保存为 "04_墙.max" 文件。

【知识拓展】

在墙的修改器堆栈中有【顶点】、【分段】和【剖面】子物体修改项，在上面的任务中介绍了【剖面】子物体的修改过程，下面简单介绍其他子物体的修改功能。

🔑　顶点

在修改器堆栈中选择【Wall】/【顶点】选项，可打开【编辑顶点】面板，如图 4-30 所示。

图 4-30　【编辑顶点】面板

● 连接 按钮：按单击的顺序连接两个顶点，在顶点之间创建新的墙面，如图 4-31 所示。

图 4-31　 连接 按钮使用方法与结果

- 　**断开**　按钮：在墙物体上选择要断开的顶点，单击此按钮，墙物体就在该顶点处断开，每个断开的部分都有各自的末端顶点，如图 4-32 所示。

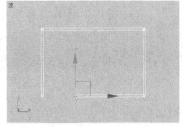

图 4-32 　**断开**　按钮使用方法与结果

- 　**优化**　按钮：在选择的墙物体上增加新的顶点，其夹角的角度可随意调节，如图 4-33 所示。

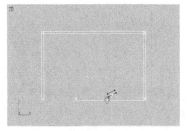

图 4-33 　**优化**　按钮使用方法与结果

- 　**插入**　按钮：在墙物体上单击鼠标左键，插入一个顶点，插入多个顶点，可创建更多的墙体，如图 4-34 所示。

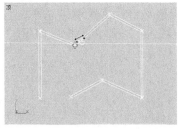

图 4-34 　**插入**　按钮使用方法与结果

- 　**删除**　按钮：删除当前选择的顶点。

🔑 分段

在修改器堆栈中选择【Wall】/【分段】选项，可打开【编辑分段】面板，如图 4-35 所示。

图 4-35 【编辑分段】面板

- 　**分离**　按钮：将选择的墙片段分离出去，使其成为新的独立墙体，其下有 3 个复选项。

【相同图形】：分离所选择的墙片段，但它仍是墙体的一部分。

【重新定位】：将分离出的片段作为新的墙体，继承原片段的自身坐标系统，并保持与世界坐标系统一致。

【复制】：在原地复制分离的墙片段，作为新的独立墙体。

- 拆分 按钮：按指定的拆分数量拆分墙片段。【拆分】值用于设置插入的点数，而实际分段数比【拆分】值多 1 段，即拆分后的墙片段数 =【拆分】值 + 1 段。当【拆分】值为 "3" 时，墙片段被拆分的效果如图 4-36 所示。

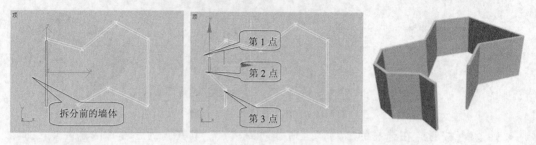

图 4-36 【拆分】值为 "3" 时的墙片段效果

任务四 创建门

在 3ds Max 9 中，可以快速地制作出各种类型的门模型，包括枢轴门、推拉门和折叠门，它们是在 （创建）命令面板中通过选择 标准基本体 下拉列表中的 门 选项来实现的，创建命令面板形态如图 4-37 所示。

【知识拓展】

- 枢轴门 ：创建单向轴门和双向轴门。
- 推拉门 ：创建左右滑动的门。
- 折叠门 ：创建可折叠的双面门或四扇门。

本任务及下一任务继续上一场景，在墙体上做出门窗，效果如图 4-38 所示。

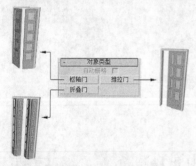

图 4-37 门的创建命令面板

图 4-38 门窗效果

（一） 门的创建过程

由于各种门的创建方法都相同，参数设置也基本一样，下面就以前一任务创建的墙体场景为基础，在已有的墙体上创建枢轴门来介绍门的创建过程。

【步骤解析】

1. 选择菜单栏中的【文件】/【打开】命令，打开 "Scenes\04_墙.max" 文件。
2. 单击 按钮，打开三维捕捉，并设置捕捉方式为【边/线段】。
3. 单击 / 按钮，在 标准基本体 下拉列表中选择 门 选项。

4. 单击 框轴门 按钮,在顶视图中捕捉墙体的一条边,确定门的位置,如图 4-39 左图所示,然后再捕捉墙体的另一条边,确定门的厚度,如图 4-39 右图所示。

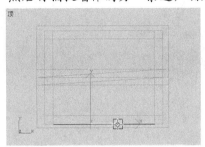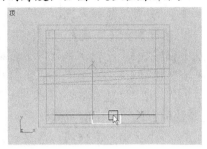

图 4-39 捕捉边创建门

5. 松开鼠标左键,移动鼠标生成门的高度,然后再单击鼠标左键,完成创建。

 在创建门的地方,墙会自动进行镂空处理,并且随着门位置的移动,墙会自动重新进行镂空处理,墙的镂空处随门位置的变化而变化。

(二) 修改门的形态

下面对几个较常用的参数进行调节以修改门的形态。

【步骤解析】

1. 选择已创建好的门物体,单击 按钮进入修改命令面板,在【参数】面板中设置各参数,如图 4-40 左图所示,门在前视图中的位置如图 4-40 右图所示。

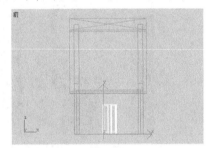

图 4-40 框轴门的参数设置及其在前视图中的位置

2. 在【页扇参数】面板中设置各项参数,如图 4-41 左图所示,此时透视图中的门形态如图 4-41 右图所示。

图 4-41 【页扇参数】面板中的设置及门的形态

【知识链接】

在【页扇参数】面板中，常用参数说明如下。

- 【厚度】：设置门扉的厚度。
- 【门挺/顶梁】和【底梁】：设置镶板四周边的宽度。
- 【水平窗格数】：设置水平方向上窗格的数目。
- 【垂直窗格数】：设置垂直方向上窗格的数目。
- 【镶板间距】：设置窗格之间的间隔宽度。

下面是【镶板】选项栏中的参数。

- 【无】：不产生镶板或玻璃，只有一张光板。
- 【玻璃】：产生玻璃格板，可以在【厚度】微调框中设置玻璃的厚度值。
- 【有倒角】：产生有倒角的窗格。
- 【倒角角度】：指定窗格的倒角角度。
- 【厚度 1】：设置压条外部的镶板厚度。
- 【厚度 2】：设置倒角压条自身的厚度。
- 【中间厚度】：设置压条内部镶板的厚度。
- 【宽度 1】：设置压条外部的镶板宽度。
- 【宽度 2】：设置压条自身的宽度。

图 4-42 所示为【镶板】的剖面示意图。

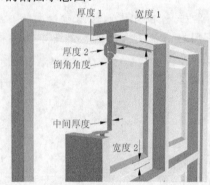

图 4-42　【镶板】剖面示意图

任务五　创建窗

3ds Max 9 为用户提供了 6 种形式的窗，有遮蓬式窗、平开窗、固定窗、旋开窗、伸出式窗和推拉窗。它们是在 （创建）命令面板中选择 标准基本体 下拉列表中的 窗 选项来实现的，创建命令面板如图 4-43 所示。

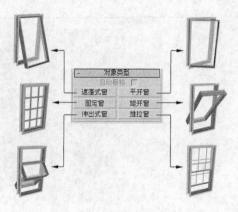

【知识拓展】

- 遮蓬式窗 ：创建一个或多个可在顶部转枢的窗框。

图 4-43　窗的创建命令面板

- **固定窗**：创建不能被开启的窗扉。
- **伸出式窗**：创建前后开启的窗。
- **平开窗**：有 1 或 2 扇像门一样的窗框，它们可以向内或向外转动。
- **旋开窗**：创建以轴心点旋转的窗，可以前后旋转或左右旋转。
- **推拉窗**：有 2 扇窗框，其中一扇窗框可以沿着垂直或水平方向滑动。

各种窗的创建方法都相同，参数设置也基本一样，下面就以伸出式窗为例，介绍其创建过程。

【步骤解析】

1. 接上例。单击 ⚙ / ⚪ 按钮，在 标准基本体 下拉列表中选择 窗 选项。
2. 单击【对象类型】面板中的 伸出式窗 按钮。
3. 在顶视图中捕捉墙体的一条边，确定窗的位置，如图 4-44 左图所示；然后再捕捉墙体的另一条边，确定窗的厚度，如图 4-44 右图所示。

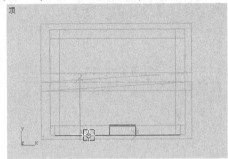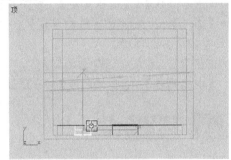

图 4-44　捕捉边创建伸出式窗

4. 松开鼠标左键，移动鼠标生成窗的高度，然后再单击鼠标左键，完成创建。
5. 单击 ⚙ 按钮进入修改命令面板，在【参数】面板中修改各参数设置如图 4-45 左图所示。
6. 关闭 ⚙³ 按钮。
7. 在前视图中将窗沿 y 轴向上移动至离地面约为 8 小格的位置，如图 4-45 右图所示。

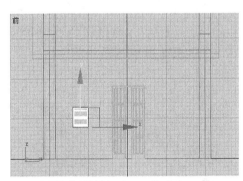

图 4-45　窗的参数设置及位置

8. 按住 Shift 键，在前视图中将窗沿 x 轴向右以【实例】方式复制一个，如图 4-46 所示。
9. 选择菜单栏中的【文件】/【另存为】命令，将场景以 "04_门窗.max" 为名保存。

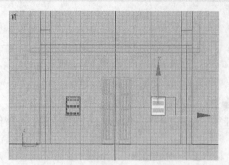

图 4-46   窗复制后的位置

【知识拓展】

【参数】面板中常用参数说明如下。

(1) 【窗框】选项栏。

- 【水平宽度】/【垂直宽度】：分别设置窗框的水平宽度和垂直宽度。
- 【厚度】：用来设置窗框的厚度。

(2) 【窗格】选项栏。

- 【宽度】：用来设置窗格的宽度。
- 【中点高度】/【底部高度】：分别设置中扇窗户和底扇窗户的高度。

任务六　创建植物

利用 3ds Max 9 所提供的物体制作功能，可以快速制作出各种不同种类的树木，包括松树、垂柳、盆栽等，如图 4-47 所示。同时，还可以对这些植物的形态进行修剪，以形成同一种树的不同形态。

图 4-47   各种植物的形态

本任务要创建一个效果如图 4-48 所示的植物场景。

图 4-48   植物场景

【步骤解析】

1. 选择菜单栏中的【文件】/【打开】选项，打开 "Scenes\04_植物.max" 文件。

2. 单击 / 按钮，在 标准基本体 ▼ 下拉列表中选择 AEC 扩展 ▼ 选项。单击【对象类型】面板中的 植物 按钮，在【收藏的植物】面板中找到【春天的日本樱花】图标。

3. 在透视图花坛中央单击鼠标左键，1 棵樱花树就形成了，展开【参数】面板，将【高度】值设为 "200"，效果如图 4-49 左图所示。

4. 单击鼠标右键，取消植物的创建状态。在非选择状态下，松树则以简单的树冠轮廓方式显示，形态如图 4-49 右图所示。

图 4-49 植物在选择（左）和非选择（右）下的显示形态

> 由于植物的造型比较复杂，所以其网格数较多。如果计算机的内存过小，在操作多个植物对象时就会产生系统反应滞后的现象。针对这个问题 3ds Max 9 采用了非激活植物对象简化显示模式，当一个植物对象处于非选择状态时，3ds Max 9 只显示为半透明的植物树冠形态。

5. 选择所有物体，然后选择菜单栏中的【组】/【成组】命令，将树与花坛成组。激活顶视图，使用视图导航控制区中的 按钮，缩小顶视图，使樱花树在顶视图中变得很小，然后使用移动工具，配合键盘上的 Shift 键，在顶视图中向右复制出 2 组新树，注意要选择【复制】方式，以方便后续参数的修改，效果如图 4-50 左图所示。

6. 选择中间的树，利用【打开】打开成组，选择樱花树，进入修改命令面板，单击种子右侧的 新建 按钮，从而生成新的樱花树形态。还可以修改其他参数，来微调树的形态，之后【关闭】该组。用相同方法修改最右侧的树，使得 3 棵树的形状能够区分开，参考效果如图 4-50 右图所示。

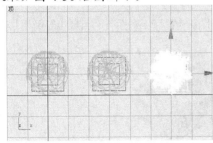

图 4-50 修改后的樱花树形态

7. 选择菜单栏中的【文件】/【另存为】选项，将此场景另存为 "04_植物_ok.max" 文件。

【知识链接】

植物的【参数】面板形态如图 4-51 所示。下面介绍几个常用参数的含义。

- 【高度】：设置植物的高度。

- 【密度】：控制植物树叶或花朵的密度。值为"0"时，没有树叶；值为"0.5"时，显示一半的树叶；值为"1"时，显示所有的树叶。效果如图4-52所示。

图4-51　【植物】参数面板

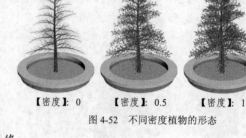

【密度】：0　　【密度】：0.5　　【密度】：1

图4-52　不同密度植物的形态

- 【修剪】：用于对植物的枝叶进行修剪。值为"0"时，树枝为最大长度；值为"1"时，植物无树枝。图4-53所示为该值分别为"0"和"0.6"时的植物形态。
- 【显示】栏：控制植物体各部分的取舍，选中某项则显示该部分。
- 【视口树冠模式】栏：控制视图的简化显示方式的适用情况。如果运行速度慢，可以选择【始终】单选按钮，这样就在选择和非选择情况下都只显示树冠模式。

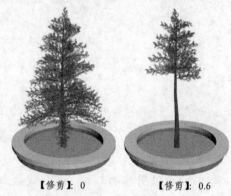

【修剪】：0　　　　　　　【修剪】：0.6

图4-53　不同【修剪】值的效果比较

实训一　导入CAD平面图创建墙体

要求：在3ds Max 9中导入AutoCAD平面图，然后沿平面图绘制的布局生成墙体，结果如图4-54所示。

图4-54　墙体效果

【步骤解析】

1. 重新设定软件系统。选择菜单栏中的【文件】/【导入】命令，打开【选择要导入的文件】对话框，在【文件类型】对话框中选择 "AutoCAD 图形*.DWG,*.DXF" 文件格式，然后选择教学辅助资料中的 "Scenes\平面图.dwg" 文件。

2. 在弹出的【AutoCAD DWG/DXF 导入选项】对话框中，选中【重缩放】复选框，并将【传入的文件单位】选项设为 "英寸"，如图 4-55 所示。

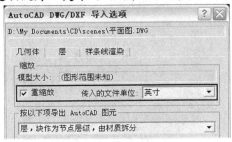

图 4-55 【AutoCAD DWG/DXF 导入选项】对话框

3. 单击 确定 按钮，将平面图导入 3ds Max 9 场景中，为了显示清楚，可适当修改线条颜色，结果如图 4-56 所示。

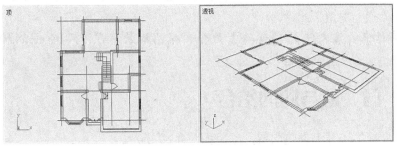

图 4-56 平面图文件导入到 3ds Max 场景中的结果

4. 单击 按钮打开三维捕捉，并设置【顶点】捕捉方式。

5. 单击 / / 标准基本体 下拉列表，选择其中的 AEC 扩展 选项，单击【对象类型】面板中的 墙 按钮，在【参数】面板中设置各项参数，如图 4-57 左图所示，然后捕捉顶点绘制一段墙体，结果如图 4-57 右图所示。

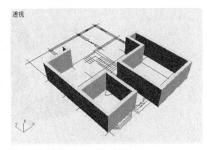

图 4-57 【参数】面板中的设置及墙体效果

6. 选择 1 个墙体，单击 按钮进入修改命令面板，单击【编辑对象】面板中的 附加 按钮，然后单击另一个墙体，将其附加到当前选择的墙体中，使两个墙体成为一体。

7. 在修改器堆栈窗口中选择【Wall】/【分段】子物体，在【编辑分段】面板中单击 插入 按钮，在顶视图中插入几段墙体，位置及插入顺序如图 4-58 所示。插入结果如图 4-59 所示。

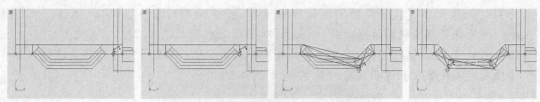

图 4-58　插入墙体的位置及插入顺序

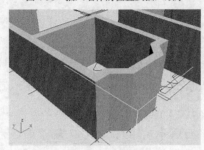

图 4-59　插入墙后的效果

8. 单击鼠标右键，取消 插入 功能。

9. 选择菜单栏中的【文件】/【保存】命令，将此场景保存为"04_导入墙体.max"文件。

实训二　门、窗与墙的结合

要求：在完成的墙体上创建门窗，结果如图 4-60 所示。

在墙体上安装门窗，是建筑建模中最常用的工作之一，若想使墙体自动产生匹配的门窗洞，在创建门窗时可使用两种方法：一种是打开三维【边/线段】捕捉方式，然后捕捉墙体某个边进行创建；另一种是直接创建门窗物体，然后将其移动至墙体的正确位置上，并确保嵌入墙体中，再利用 按钮与墙体进行链接。后面的方法更易于操作，所以本实训将主要介绍这种方法。

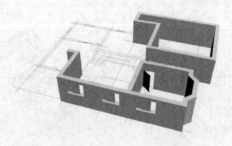

图 4-60　门窗与墙的结合效果

【步骤解析】

1. 接上例或打开"Scenes\04_导入墙体.max"文件。

2. 选择墙体，并将其隐藏起来。

3. 单击 / 按钮，在 标准基本体 下拉列表中选择 门 选项，单击【对象类型】面板中的 枢轴门 按钮，在顶视图中门的位置创建 1 扇枢轴门，参数设置如图 4-61 左图所示，然后将其移动至墙中间的位置，结果如图 4-61 右图所示。

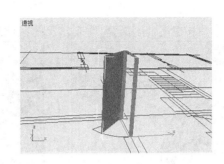

图 4-61 枢轴门的参数设置及位置

4. 在 门 ▼ 下拉列表中选择 窗 ▼ 选项，并单击其下的 推拉窗 按钮，在平面图中窗的位置上创建 1 个推拉窗，参数设置如图 4-62 左图所示。

5. 单击 ✥ 按钮，在左视图中将其沿 y 轴向上移动 "1 200"，结果如图 4-62 右图所示。

> 移动推拉窗时可将底部状态栏中的 ⊡ 按钮转换为 ⇕ 按钮，然后在 y 轴右侧的文本框内输入移动距离，进行精确移动。

6. 在顶视图中将推拉窗沿 y 轴向上以【实例】方式复制几个，结果如图 4-63 所示。

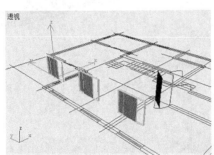
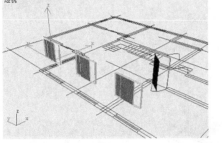
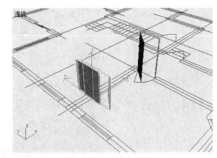

图 4-62 推拉窗的参数设置及位置   图 4-63 复制窗的结果

7. 选择所有的门和窗，将隐藏的墙体显示出来。单击主工具栏中的 🔗 按钮，将其链接到墙体上，此时门窗物体和墙体会自动进行抠洞处理，操作过程和结果如图 4-64 所示。

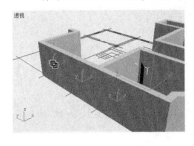
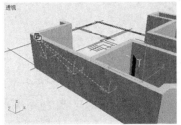

图 4-64 门窗与墙的链接过程及结果

8. 选择菜单栏中的【文件】/【另存为】命令，将此场景另存为 "04_门窗结合.max" 文件。

实训三 制作工业区建筑群

要求：利用本项目中介绍的建筑构件制作工业区建筑群场景，效果如图 4-65 所示。

图 4-65 工业区建筑群效果图

【步骤解析】

1. 选择菜单栏中的【文件】/【打开】选项，打开 "Scenes\04_工业区.max" 文件。该文件中是一个制作好的建筑单体，也可以自己动手制作，该单体建筑的制作方法在本项目的前几个任务中都已经介绍过了，效果如图 4-66 所示。

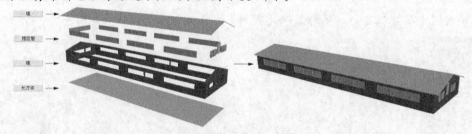

图 4-66 建筑单体部件及形态

2. 在透视图中放大右侧门口部分，首先在大门处创建 1 个长方体，作为该厂房的装车平台，位置与参数如图 4-67 所示。

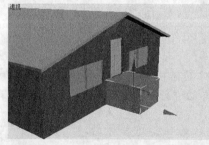

图 4-67 装车平台位置与参数

3. 再创建 1 个 直线楼梯 ，位置与参数如图 4-68 所示。选中扶手路径，并修改【栏杆】参数，注意观察一下扶手路径线型的位置，因为下一步将制作栏杆。

4. 单击 / 按钮，在 标准基本体▼ 下拉列表中选择 AEC 扩展▼ 选项。单击【对象类型】面板中的 栏杆 按钮。

5. 单击【栏杆】面板中的 拾取栏杆路径 按钮，将鼠标指针放在透视图中楼体的扶手路径上，单击鼠标左键，拾取直线段，修改各参数值，如图 4-69 右图所示。

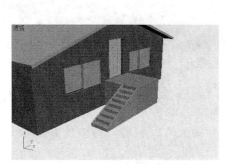

图 4-68　装车平台楼梯位置与参数

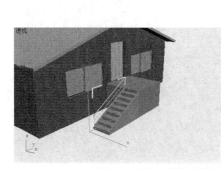

图 4-69　楼梯上的栏杆位置与参数

6. 再单击一次【对象类型】面板中的　栏杆　按钮，去拾取另 1 条扶手路径，从而创建两边的栏杆。

7. 然后在空白处，通过鼠标拖曳，创建 1 个简单的直线栏杆，将其移动到装车平台上。

8. 单击 🖉 按钮进入修改命令面板，根据装车平台的尺寸修改【长度】参数。

9. 通过移动工具，配合键盘上的 Shift 键复制一个栏杆到另一侧，再次修改【长度】参数为 200。单击【栅栏】选项栏内的 ⋯ 按钮，将支柱【记数】改为 4，从而完成所有栏杆的创建，效果如图 4-70 所示。

图 4-70　平台上的栏杆位置与参数

10. 将所有物体成组，可以将建筑单体单独成组，装车平台单独成另外一个组。

11. 激活顶视图，将该建筑单体和装车平台全选，向上移动并以实例方式复制出另外 5 组新的建筑，效果如图 4-71 所示。

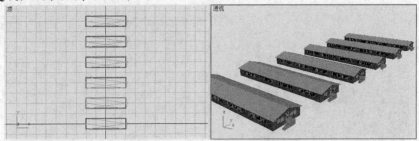

图 4-71　复制生成其他建筑

12. 在顶视图中选中所有的建筑，单击主工具栏上的 ■ 按钮，向右镜像复制出右侧建筑，效果及参数如图 4-72 所示。

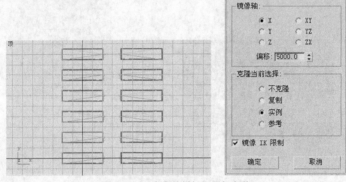

图 4-72　平台上的栏杆位置与参数

13. 适当调整透视图，一片工业区的厂房就创建好了，形态如图 4-73 所示。

14. 选择菜单栏中的【文件】/【保存】命令，将场景保存为 "04_工业区.max" 文件。

图 4-73　透视图中的建筑群效果

 项目小结

　　本项目主要介绍了常用建筑构件的建模方法，其中包括楼梯、栏杆、墙、门、窗和植物。这些建筑构件都是一些参数化的物体，针对物体的各个部位都有详细的参数可供调节，所以学习本项目时首先要熟悉的就是这些参数。

　　不同建筑构件之间的配合使用方法也很重要，需要重点掌握的是楼梯与栏杆的配合以及墙与门窗的配合。在楼梯上创建栏杆时，栏杆路径的位置非常重要。在楼梯的默认参数中，包含了一个栏杆路径参数，通过该参数可以很方便地与栏杆物体结合。如果需要创建多层楼梯上的栏杆，也可以自己绘制栏杆路径，调整好这些路径在楼梯上的位置之后，再与栏杆物体结合。

在墙体上安置门窗时，捕捉功能起到了非常关键的作用，但如果没有做正确的捕捉，就很难在墙体上完成自动抠洞处理。

由于植物的形态非常复杂，因此这种三维的植物面数非常多，在创建场景时，最好最后添加植物，而且不宜创建过多的植物，否则会降低运行速度。当然，可以通过增加计算机内存的方法来解决这一问题。

这些建筑构件都预设了物体材质通道号，可以很方便地为不同部位创建不同材质。这些内容将在以后的项目中详细介绍。

 思考与练习

1. 创建如图 4-74 所示的楼梯物体。
2. 根据本项目所讲内容，创建如图 4-75 所示的大树下的小屋场景。

图 4-74　楼梯形态

图 4-75　树屋场景效果

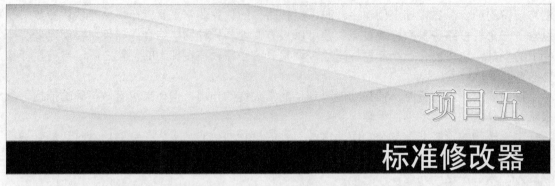

标准修改器

在创建命令面板中可以创建图形、灯光、摄像机以及空间扭曲等物体类型，在产生它们的同时，就拥有了这些物体的创建参数，并独自存在于三维场景中。如果要对它们的创建参数进行修改，就需要进入修改命令面板来完成。3ds Max 9 提供了强大的修改器，针对不同的可编辑物体，用户可以使用多种方法来编辑修改。物体每增加一次修改，系统都会在修改器堆栈中记录。另外，3ds Max 9 还提供了众多复杂的变形修改器，本项目将重点介绍几种最常用的标准修改器。

> **学习目标**
>
> 熟练掌握【锥化】与【扭曲】修改命令的使用方法。
> 掌握【晶格】修改命令的使用方法。
> 掌握【编辑网格】修改命令的使用方法。
> 掌握三维布尔运算的使用方法。

任务一 修改器堆栈的使用方法

修改器堆栈的主要功能是记录每一个物体在创建、修改时的相关参数，并保留各项修改命令的影响效果，方便用户对其进行再次修改。修改命令按使用的先后顺序依次排列在堆栈中，最新添加的修改命令总是放置在堆栈的最上方。修改器堆栈面板如图 5-1 所示。

本任务就在修改器堆栈中对物体进行修改，结果如图 5-2 所示。

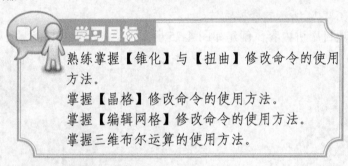

图 5-1　修改器堆栈面板

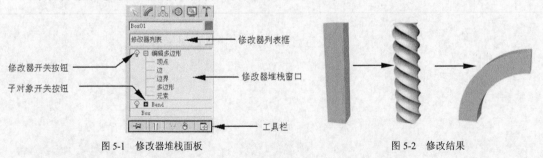

图 5-2　修改结果

【步骤解析】

1. 重新设定软件系统。单击 ／ ／ 长方体 按钮，在透视图中创建 1 个【长度】、【宽度】均为 "20"，【高度】为 "100" 的长方体，其【高度分段】数为 "50"。

2. 单击 按钮进入修改命令面板，单击【修改器列表】右侧的 按钮，在展开的【修改器列表】中找到并选择【扭曲】修改命令，此时修改器堆栈中记录了一项【Twist】修改，如图5-3所示。

3. 在【参数】面板中将【角度】值设为"360"，此时长方体出现了扭曲效果。

4. 在【修改器列表】中选择【弯曲】修改命令，此时修改器堆栈中又记录了一项【Bend】修改，如图5-4左图所示。

5. 在【参数】面板中将【角度】值设为"90"，此时长方体出现了弯曲效果，如图5-4右图所示。

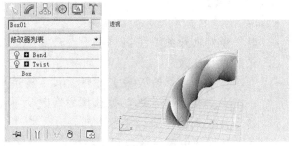

图5-3　修改器堆栈中的记录内　　　　　　　　　　图5-4　修改器堆栈形态及物体的修改结果

6. 在修改器堆栈中单击【Twist】选项，回到此层级，将【参数】面板中的【角度】值改为"720"，此时长方体出现了更强烈的扭曲效果。

7. 单击修改器堆栈按钮组中的 按钮，使其变为 形态，此时透视图中的物体只显示当前修改层级的修改结果，如图5-5所示。

8. 单击修改器堆栈按钮组中的 按钮，使其再恢复为 形态。

9. 在修改器堆栈中单击【Bend】选项，回到此层级，单击【Twist】层级左侧的 按钮，使其变为 形态，在视图中关闭扭曲修改结果，只显示出弯曲的修改结果，如图5-6所示。

10. 单击【Bend】层级左侧的 图标，使其变为 形态，展开【Bend】层级。单击其中的【中心】子物体层级，使其呈黄色显示，表示目前正处于子物体层级操作状态，如图5-7所示。

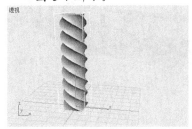

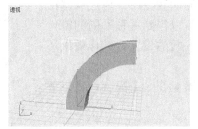

图5-5　前修改层级的修改结果　　　图5-6　透视图中的弯曲修改结果　　　图5-7　选择【中心】子物体

　　　由于目前正处于子物体层级操作状态，因此在视图中只能选择【中心】子物体进行操作，而无法选择并修改其他物体。

11. 在透视图中的x轴上按住鼠标左键，左右拖动，观察不同的中心点位置对弯曲效果的影响。

12. 单击【Bend】选项，回到父物体层级，并单击左侧的 图标，使其变为 形态，恢复子物体选项的闭合状态。

> 此时如果双击【Bend】层级，该层级会以黄色显示，说明已进入了上次操作的子物体层级，即【中心】子物体，这时同样无法选择并修改其他物体，再次双击【Bend】层级可恢复为灰色父物体层级。

13. 单击【Twist】层级，再单击修改器堆栈按钮组中的 按钮，删除当前选择的修改器，此时修改器堆栈中只保留了【Bend】修改命令。

14. 选择菜单栏中的【文件】/【保存】命令，将场景保存为"05_修改器.max"文件。

【知识链接】

- （修改器开关）按钮：决定是否显示本层修改器的修改效果。
- （子对象开关）按钮：用于展开本层修改器的子物体选项，以便进入子对象层级进行修改。
- （显示全部修改效果）按钮 / （显示当前层之前的修改效果）按钮：这是一个开关按钮。若当前被选择的修改项不在修改器堆栈的最顶层，则可以通过这个按钮来决定是否显示全部修改效果。
- （从堆栈中移除修改器）按钮：将当前被选择的修改项删除。
- （锁定堆栈）按钮：将修改堆栈锁定到当前的物体上，这样即使在场景中选择了其他物体，命令面板仍会显示锁定的物体修改命令，可以任意调节其参数。
- （使唯一）按钮：若当前被选择物体是以【实例】方式复制出来的，则此按钮可用。单击此按钮，即可取消该物体与被关联物体之间的关联关系。该按钮被激活时可变为 形态。当该按钮呈 灰色显示时，表示当前选择的物体与任何物体都没有关联关系。

任务二 利用【锥化】修改器制作凉台

图5-8 凉台效果

　　【锥化】修改器通过缩放物体的两端而产生锥形轮廓，同时还可以生成光滑的曲线轮廓。通过调整锥化的倾斜度及轮廓弯曲度，可以得到各种不同的锥化效果。另外，通过【限制】参数的设置，锥化效果还可以被限制在一定区域内。

　　本任务就利用锥化修改器制作一个凉台，效果如图5-8所示。

【步骤解析】

1. 选择菜单栏中的【文件】/【打开】命令，打开"Scenes\05_凉台.max"文件，场景中有一组凉台栏杆的造型。

2. 单击主工具栏中的 按钮，打开按名称选择对话框。

3. 按住键盘上的 Shift 键，单击第一个栏杆物体名，再单击最后一个栏杆物体名，选中所有名称以"栏杆"为开头的物体，如图5-9所示。单击 选择 按钮确定。

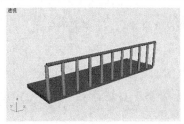

图 5-9 凉台场景初始效果

 在【选择对象】对话框中，选择方式类似于在 Windows 操作系统中资源管理器的选择操作。可以用鼠标拖动方式选择，也可以配合 Ctrl 键点选。

4. 单击 ✐ 按钮进入修改命令面板，在【修改器列表】中选择【锥化】命令，在修改器堆栈中选择锥化的【中心】层级，如图 5-10 左图所示。

5. 适当调整顶视图，将锥化的中心点从栏杆位置上移一段距离，位置如图 5-10 右图所示。

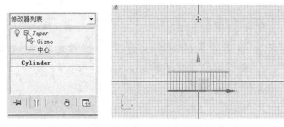

图 5-10 栏杆锥化中心点以及位置移动距离

6. 激活前视图，在前视图中将该中心点下移至地平面位置，如图 5-11 左图所示。

7. 关闭锥化的修改层级，然后修改【参数】面板中的【曲线】为 0.1。栏杆就产生了向外鼓出的效果，如图 5-11 右图所示。

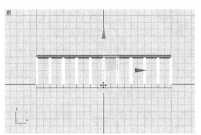
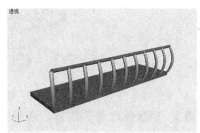

图 5-11 栏杆锥化中心点以及位置移动距离

8. 通过 Ctrl + A 组合键将全部物体都选中，添加【弯曲】修改器，适当修改各参数，弯曲的凉台效果就完成了，如图 5-12 所示。

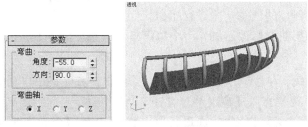

图 5-12 弯曲凉台效果

要想实现这些修改效果，物体的分段数很重要，如果段数不足，则无法得到圆滑的修改效果，甚至无法实现。在实际操作中，可以选中任意物体，修改原始参数中【高度】或【宽度】值看看变化效果。

9. 选择菜单栏中的【文件】/【另存为】命令，将场景另存为"05_锥化_ok.max"文件。

【知识链接】

【锥化】修改命令的【参数】面板如图 5-13 所示。

(1) 【锥化】选项栏。

- 【数量】：设置锥化的倾斜程度。此参数实际是一个倍数，物体边缘的缩放情况为：物体边缘半径×【数量】。

- 【曲线】：设置锥化曲线的弯曲程度。

(2) 【锥化轴】选项栏。

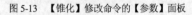
图 5-13　【锥化】修改命令的【参数】面板

- 【主轴】：设置锥化所依据的轴向。

- 【效果】：设置产生影响效果的轴向。这个参数的轴向会随【锥化轴】的选择而变化。

- 【对称】：设置对称的影响效果。

(3) 【限制】选项栏。

- 【限制效果】：物体锥化限制开关，不选中时无法进行限制影响设置。

- 【上限】：设置锥化的上限值，在超过此上限的区域将不受锥化影响，其值为"3"时的限制锥化效果如图 5-14 所示。

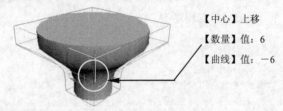

【中心】上移
【数量】值：6
【曲线】值：−6

图 5-14　【上限】值为"3"的限制锥化效果

- 【下限】：设置锥化的下限值，在超过此下限的区域将不受锥化影响。

任务三　利用【扭曲】修改器制作冰淇淋

【扭曲】修改器可以使物体产生一个旋转效果，不仅可以控制任意 3 个轴上扭曲的角度，而且还可以对几何体的任意一段进行扭曲。

本任务就利用【扭曲】修改器制作一个冰淇淋，效果如图 5-15 所示。

【步骤解析】

1. 重新设定软件系统。单击 / / 圆锥体 按钮，在透视图中创建 1 个【半径 1】为"6"、【半径 2】为"15"、【高度】为"70"的圆锥体。

2. 单击 / / 四棱锥 按钮，在透视图中创建 1 个【宽度】和【深度】均为"30"、【高度】为"60"的四棱锥，设置【高度分段】值为"10"。

3. 单击 按钮，将四棱锥与圆锥体对齐，【对齐当前选择】对话框与对齐结果如图 5-16 所示。

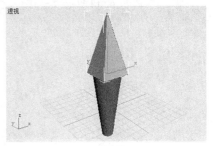

图 5-15 冰淇淋效果　　　　　　图 5-16　【对齐当前选择】对话框与对齐结果

4. 单击 按钮进入修改命令面板，在【修改器列表】中选择【扭曲】命令，为四棱锥添加扭曲修改，在【参数】面板中设置【角度】值为 "260"。

5. 选择菜单栏中的【文件】/【保存】命令，将场景保存为 "05_扭曲.max" 文件。

【知识链接】

【扭曲】修改命令的【参数】面板如图 5-17 所示。

(1) 【扭曲】选项栏。

- 【角度】：设置扭曲角度的大小，效果如图 5-18 所示。

图 5-17　【扭曲】修改命令的【参数】面板

【角度】：90　　　　　【角度】：180　　　　　【角度】：360

图 5-18　不同【角度】值的效果

- 【偏移】：设置扭曲向上或向下的偏向程度，效果如图 5-19 所示。

【偏移】：-50　　　　　【偏移】：0　　　　　【偏移】：90

图 5-19　【角度】值为 "360" 时，不同【偏移】值的效果

(2) 【扭曲轴】选项栏。

设置扭曲的参考轴向。

(3)【限制】选项栏。

- 【限制效果】：扭曲限制开关，不选中时无法进行限制影响设置。
- 【上限】：设置扭曲的上限值，超过此上限的区域将不受扭曲影响。
- 【下限】：设置扭曲的下限值，超过此下限的区域将不受扭曲影响。设置上限、下限后的扭曲效果如图 5-20 所示。

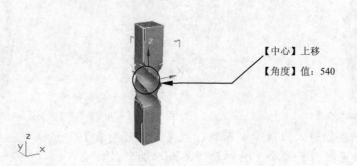

【中心】上移

【角度】值：540

图 5-20　上限为"20"、下限为"－20"的限制扭曲效果

任务四　利用【编辑网格】修改器制作电池

在 3ds Max 9 软件系统中，基本体和建筑构件物体都是由点、线、面等元素组成的网格类物体，组成物体的每个基本造型称为子对象。在【选择】面板里有以下选项： ⠿ 为顶点编辑，⟋ 为边编辑，◢ 为三角面编辑，▣ 为多边形编辑，▨ 为元素子物体编辑，如表 5-1 所示。

表 5-1　　　　　　　　　　　　　子物体的选择范围及含义

按钮	名称	选择范围图例	含义
⠿	【顶点】编辑		以顶点为最小单位进行选择
⟋	【边】编辑		以边为最小单位进行选择
◢	【面】编辑		以三角面为最小单位进行选择
▣	【多边形】编辑		以四边形为最小单位进行选择
▨	【元素】编辑		以元素为最小单位进行选择

如果要对物体的某一个组成部分进行修改编辑，则需要对子对象进行编辑处理。这就要用到【编辑网格】修改器。

本任务将利用【编辑网格】修改器制作一个电池，效果如图 5-21 所示。

图 5-21　电池效果

【步骤解析】

1. 重新设定软件系统。单击 ➤ / ◎ / 圆柱体 按钮，在透视图中创建 1 个【半径】为 "14"、【高度】为 "50" 的圆柱体，并将其【高度分段】值设为 "14"、【端面分段】值设为 "8"。

2. 单击 ◢ 按钮进入修改命令面板，在【修改器列表】中选择【编辑网格】命令，为圆柱体添加编辑网格修改。

3. 在修改器堆栈中选择【编辑网格】/【顶点】子对象，展开【软选择】面板，其参数设置如图 5-22 左图所示。

4. 在主工具栏中的 ▣ 按钮上按住鼠标左键，在弹出的按钮组中选择 ○ 工具，在顶视图中选择如图 5-22 右图所示的圆心位置的两圈节点。

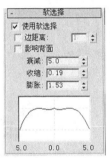
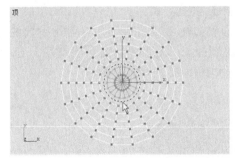

图 5-22　【软选择】面板形态及选择点的范围

5. 单击主工具栏中的 ✛ 按钮，在左视图中将所选顶点向上移动至图 5-23 所示状态，并做出电池的正极帽。

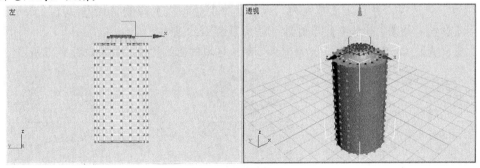

图 5-23　向上移动顶点

6. 激活前视图，将选择方式改为 ▣ 方式，按住 Shift 键，框选柱身顶端第 2 排、底端倒数第 2 排顶点，位置如图 5-24 左图所示。

7. 单击状态栏中的 ▤ 按钮，打开选择锁定。单击主工具栏中的 ▣ 按钮，在顶视图中沿 *xy* 面将所选顶点向内收缩，生成电池正负两极处的收边，结果如图 5-24 右图所示。

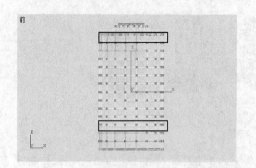

图 5-24　所选顶点的位置及收缩效果

 状态栏中的参数修改窗口各参数分别为：　X:94　　Y:94　　Z:100。

8. 选择菜单栏中的【文件】/【保存】命令，将场景保存为"05_编辑网格.max"文件。

【知识链接】

3ds Max 中还提供了另外一个网格物体编辑功能，就是【编辑多边形】。该功能提供了更为丰富的命令，基本用法与【编辑网格】相同。

(1) 【软选择】面板。

【软选择】面板如图 5-22 左图所示，常用参数说明如下。

- 【使用软选择】：软选择状态开启选项。当选中此项时，才可进行软选择设置，效果如图 5-25 所示。

开启前 —→ 　　　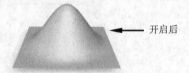 ←— 开启后

图 5-25　软选择状态开启前后的效果

- 【边距离】：当选中此项时，在被选择点和其影响的顶点之间以边数来限制它的影响范围，并在表面范围内，以边距来测量顶点的影响区域空间。
- 【影响背面】：当选中此项时只可编辑可视面的顶点。
- 【衰减】、【收缩】、【膨胀】：用来调节影响区域的曲线状态，效果如图 5-26 所示。

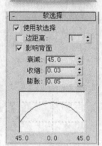

图 5-26　不同曲线形态产生的不同影响

(2) 【顶点】编辑。

【编辑几何体】面板上的部分按钮如图 5-27 所示，常用参数说明如下。

- 附加 ：将场景中的另一个对象结合到选定的网格物体中，使它们成为一体。

- 切角 ：将顶点沿与之相连的线段方向进行分割细化，使原顶点处形成切角效果，如图 5-28 所示。

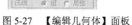

图 5-27 【编辑几何体】面板

图 5-28 【切角】效果

- 删除 ：删除所选顶点。顶点删除后，与之相邻的面也随之删除。

- 分离 ：分离所选顶点。分离后，与之相邻的面也随之分离。单击此按钮后会弹出一个对话框，用来给分离后的物体改名，【删除】与【分离】的效果对比如图 5-29 所示。

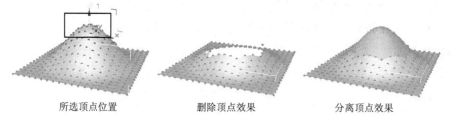

所选顶点位置　　　　　删除顶点效果　　　　　分离顶点效果

图 5-29 【删除】与【分离】效果对比

按住鼠标左键向上拖动【编辑几何体】面板，在其底部还有几个按钮，如图 5-30 所示。

图 5-30 【编辑几何体】面板下方的按钮

- 平面化 ：将所选顶点重新排列至同一平面。

- 塌陷 ：将所选的所有顶点塌陷成为一个顶点，效果如图 5-31 所示。

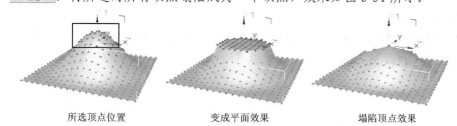

所选顶点位置　　　　　变成平面效果　　　　　塌陷顶点效果

图 5-31 【平面化】与【塌陷】效果

(3) 【面】编辑。

【编辑几何体】部分参数面板如图 5-32 所示，各功能说明如下。

图 5-32 【编辑几何体】参数面板

- 挤出 ：使当前选择的面产生突起或凹陷效果，高度值可在其文本框中输入。
- 倒角 ：使当前所选的面扩大或缩小，效果如图 5-33 所示，通常与【挤出】
结合使用。

所选面的位置　　　　　　　挤压出平面的效果　　　　　倒角平面的效果

图 5-33　【挤出】与【倒角】效果

任务五　利用【晶格】修改器制作麦克风

　　【晶格】修改器可以将网格物体线框化，而且是真正的线框转化，即交叉点转化为顶点物体、线框转化为连接的支柱物体，常用于制作建筑结构的效果展示。

　　本任务将利用【晶格】修改器制作一个麦克风，效果如图 5-34 所示。

【步骤解析】

1. 重新设定软件系统。单击 ／ ／ 几何球体 按钮，在透视图中创建 1 个圆锥体，参数设置如图 5-35 所示。

图 5-34　麦克效果　　　　　　　　　图 5-35　几何球体的参数设置

2. 单击 按钮进入修改命令面板，在【修改器列表】中选择【编辑网格】命令，为其添加编辑网格修改。

3. 在修改器堆栈中选择【编辑网格】/【顶点】子对象，在前视图中选择最顶上的两排顶点子对象，如图 5-36 左图所示，然后再选中软选择功能，参数设置如图 5-36 右图所示。

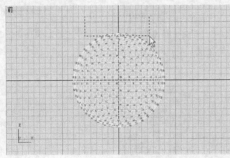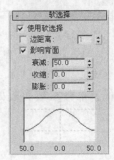

图 5-36　选择面子物体的范围

 78

4. 在前视图中将上方顶点向下移动一段距离，形成麦克网罩的平顶效果，结果如图 5-37 所示。

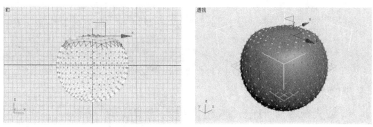

图 5-37 顶点下移效果

5. 再次框选顶部平面所有顶点，这次所选顶点比之前所选顶点要多很多，调节【使用软选择】下的【衰减】为 "75"，然后向上移动这些顶点，使得该球体变长，效果如图 5-38 所示。

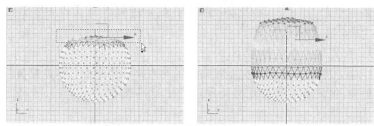

图 5-38 顶点上移效果

6. 回到【编辑网格】层级。在【修改器列表】中选择【晶格】修改器，为几何球体添加晶格修改。【参数】面板中的设置及在透视图中的效果如图 5-39 所示。

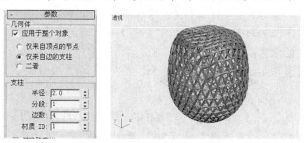

图 5-39 晶格的参数设置及效果

7. 创建圆环，缩放一下，放在该网格物体的中间和底座处，再创建一个合适的圆柱体作为麦克的手柄，一个完整的麦克就完成了，最终效果如图 5-34 所示。

8. 选择菜单栏中的【文件】/【保存】命令，将场景保存为 "05_晶格.max" 文件。

【知识链接】

在【晶格】修改器的【参数】面板中，常用选项的含义如下。

(1) 【几何体】选项栏。

● 【仅来自顶点的节点】：只显示节点物体。

● 【仅来自边的支柱】：只显示支柱物体。

● 【二者】：将支柱与顶点物体都显示出来。

　　3 种选项的不同显示效果如图 5-40 所示。

| 仅显示支柱 | 仅显示顶点 | 二者都显示 |

图 5-40　3 种选项的不同显示效果

(2)　【支柱】选项栏。
- 【半径】：设置支柱截面的半径大小，即支柱的粗细程度。
- 【边数】：设置支柱截面图形的边数，值越大支柱越光滑。
- 【末端封口】：为支柱两端加盖，使支柱成为封闭的物体。
- 【平滑】：对支柱表面进行光滑处理，产生光滑的圆柱体形态。

(3)　【节点】选项栏。
- 【基点面类型】：设置顶点物体的基本类型，可以选择【四面体】、【八面体】和【二十面体】3 种类型。
- 【半径】：设置顶点的半径大小。
- 【分段】：设置顶点物体的片段划分数，值越大，面数越多，顶点越接近球体。
- 【平滑】：对顶点表面进行光滑处理，产生球体效果。

任务六　利用三维布尔运算制作机械底座

布尔运算主要用于处理两个集合的域的运算。在 3ds Max 9 中，任何两个物体相互重叠时都可以进行布尔运算，运算之后产生的新物体称为布尔物体，属于参数化的物体。进行布尔运算的源物体永久保留其建立参数，用户可以对这些建立参数进行修改，也可以对其进行变动，并将变动结果记录为动画。

本任务将利用三维布尔运算功能创建一个机械底座场景，效果如图 5-41 所示。

【步骤解析】

1. 重新设定软件系统。单击 ⚲ / ⚪ / 圆柱体 按钮，在透视图中创建 1 个【半径】为"75"、【高度】为"8"、【边数】为"30"的圆柱体。

2. 再创建 1 个【半径】为"5"、【高度】为"15"的圆柱体，位置如图 5-42 所示。

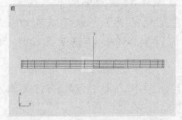

图 5-41　三维布尔运算效果　　　　　图 5-42　两个圆柱体在前、透视图中的位置

3. 在主工具栏中的参考坐标系 视图 ▼ 窗口中按住鼠标左键，在弹出的下拉列表中选择【拾取】选项，然后单击大圆柱体，以大圆柱体的坐标系统为参考坐标系。

4. 在 ▦ 按钮上按住鼠标左键，在弹出的下拉列表中选择 ▦ 按钮。选择菜单栏中的【工具】/【阵列】命令，在弹出的【阵列】对话框中设置如图 5-43 左图所示参数，单击 确定 按钮后，阵列结果如图 5-43 右图所示。

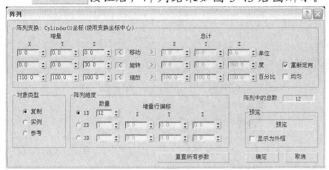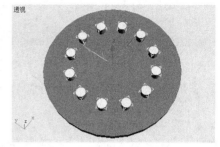

图 5-43 【阵列】对话框与圆柱体阵列结果

5. 选择 1 个小圆柱体，单击 按钮进入修改命令面板，在【修改器列表】中选择【编辑网格】命令，为其添加编辑网格修改。

6. 单击【选择】面板中的 按钮，再单击【编辑几何体】面板中的 附加 按钮，然后在透视图中分别单击其他小圆柱体，将它们加入到当前物体中，成为一个物体。

7. 关闭 按钮。

8. 选择大圆柱体，单击 按钮，返回创建命令面板，在 标准基本体 下拉列表中选择 复合对象 选项。

9. 单击 布尔 按钮，确认【参数】面板中【操作】栏下的选择项为【差集(A-B)】。单击【拾取布尔】面板中的 拾取操作对象 B 按钮，在视图中选择小圆柱体，进行布尔减运算，效果如图 5-41 所示。

 此时，可能会在顶视图中看到物体表面有撕裂现象，这是系统自动为物体添加面。

10. 选择菜单栏中的【文件】/【保存】命令，将场景保存为"05_三维布尔运算.max"文件。

【知识链接】

三维布尔运算有 3 个参数面板：【拾取布尔】面板、【参数】面板和【显示/更新】面板。下面就对其中的常用参数进行介绍。

(1) 【拾取布尔】面板。

【拾取布尔】面板如图 5-44 所示。

拾取操作对象 B 按钮：在布尔运算中，2 个初始物体被称为操作对象，一个叫操作对象 A，另一个叫操作对象 B。建立布尔运算前，首先要在视图中选择一个初始对象，即操作对象 A，再单击 拾取操作对象 B 按钮，在视图中拾取另一物体，即操作对象 B，然后就可生成三维布尔运算物体。

(2) 【参数】面板。

【参数】面板如图 5-45 所示。

- 【并集】：结合 2 个物体，减去相互重叠的部分，效果如图 5-46 所示。
- 【交集】：保留 2 个物体相互重叠的部分，删除不相交的部分，效果如图 5-47 所示。

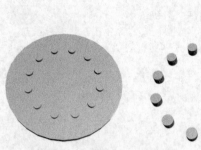

图 5-44 【拾取布尔】面板　　图 5-45 【参数】面板　　图 5-46 布尔并运算效果　　图 5-47 布尔交运算效果

- 【差集(A-B)】：用第 1 个被选择的物体减去与第 2 个物体相重叠的部分，剩余第 1 个物体的其余部分，效果如图 5-48 所示。
- 【差集(B-A)】：用第 2 个物体减去与第 1 个被选择的物体相重叠的部分，剩余第 2 个物体的其余部分，效果如图 5-49 所示。

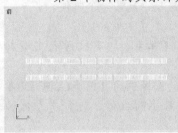

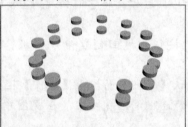

图 5-48　A 减 B 效果　　　　　　　　　　　　图 5-49　B 减 A 效果

(3) 【显示/更新】面板。

【显示/更新】面板如图 5-50 所示。

【显示】选项栏中的参数说明如下。

- 【结果】：选择此项后，只显示最后的运算结果。
- 【操作对象】：选择此项后，显示出所有的运算对象，效果如图 5-51 所示。
- 【结果+隐藏的操作对象】：选择此项后，在实体着色的视图内，以实体着色方式显示出运算结果，以线框方式显示出隐藏的运算对象，主要用于动态布尔运算的编辑操作，效果如图 5-52 所示。

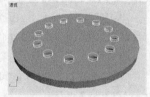

图 5-50 【显示/更新】面板　　图 5-51 显示所有的运算对象　　图 5-52 【结果+隐藏的操作对象】方式显示结果

【更新】选项栏中的参数说明如下。

- 【始终】：选择此项后，每一次操作后都立即显示布尔运算结果。
- 【渲染时】：选择此项后，只有在最后渲染时才进行布尔运算。
- 【手动】：选择此项后，下面的 ▢▢▢更新▢▢▢ 按钮才可使用，它提供手动的更新控制，需要观看更新效果时，单击选择此按钮即可。

【知识拓展】

在 3ds Max 9 中，还有一些比较常用的修改器，如【弯曲】修改器、【倒角】修改器、【倾斜】修改器、【优化】修改器等，由于篇幅所限，在这里不能一一介绍。下面仅介绍这些修改器的修改结果及其参数面板中的主要参数说明，如表 5-2 所示。

表 5-2　　　　　　　　　　　　　　修改器的含义及主要参数说明

命令名称	图例	含义	主要参数说明
【弯曲】		对物体进行弯曲修改，可以任意调节弯曲的角度和方向，也可以对物体的局部进行弯曲	【角度】：弯曲的角度大小 【方向】：决定物体的弯曲方向
【倒角】		将二维图形挤出为三维物体，在边界上加入直形或圆形倒角	【高度】：设置每个级别的挤出高度 【轮廓】：设置每个级别的偏移距离
【倾斜】		沿指定轴向推斜物体表面，主要用于对物体进行倾斜修改	【数量】：倾斜角度 【方向】：相对于水平面的倾斜方向
【优化】		减少物体的顶点数和面数，在保持相似光滑效果的前提下尽可能地降低物体的复杂程度，以加快渲染速度	【面阈值】：面的优化程度，值越低，优化越少，优化后的物体越接近原始物体 【边阈值】：边的优化程度，值越低，优化越少
【噪波】		使物体表面的顶点进行随机变动，使表面变得起伏而不规则，常用来制作群山、陆地等不平整物体	【比例】：噪波影响尺寸，值越大，产生的影响越平缓；值越小，影响越尖锐 【分形】：选中此复选框后，可通过调节其下的两个参数来制作更为细致的噪波效果 【强度：X/Y/Z】：分别控制 3 个轴向上对物体噪波的强度影响，值越大，噪波越剧烈

实训一　利用多种修改器嵌套制作茶几

要求：利用多种修改器嵌套组合建模方法制作一个茶几，效果如图 5-53 所示。

图 5-53　茶几效果

【步骤解析】

1. 重新设定软件系统。单击 ⬚ / ⬚ / 长方体 按钮，在透视图中创建 1 个【长度】和【宽度】值均为 "8"、【高度】值为 "120"、【高度分段】值为 "50" 的长方体。

2. 单击 ⬚ 按钮进入修改命令面板。在 修改器列表 下拉列表中选择【锥化】修改器，为长方体施加锥化修改，其【参数】面板中的设置如图 5-54 所示。

3. 在修改器堆栈窗口中选择【Taper】/【中心】子物体，在左视图中将其沿 y 轴向上移动，直至中心底线与长方体底部重合，位置如图 5-55 所示。

图 5-54　【参数】面板中的设置（1）

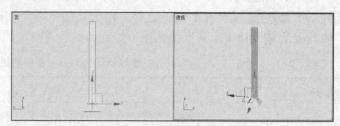

图 5-55　中心子物体的位置（1）

4. 在修改器堆栈窗口中再回到【Taper】层级。
5. 在 修改器列表 ▼ 下拉列表中选择【扭曲】修改器，在【参数】面板中设置【角度】值为 "720"，此时长方体扭曲效果如图 5-56 所示。

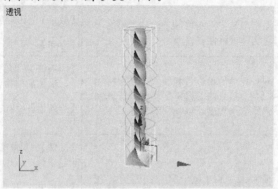

图 5-56　长方体的扭曲效果

6. 在 修改器列表 ▼ 下拉列表中选择【弯曲】修改器，其【参数】面板中的设置如图 5-57 所示。
7. 在修改器堆栈窗口中选择【Bend】/【中心】子物体，在前视图中将其沿 y 轴向上移动至长方体顶部 1/3 处，位置如图 5-58 所示。

图 5-57　【参数】面板中的设置（2）

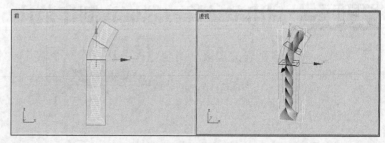

图 5-58　中心子物体的位置（2）

8. 在修改器堆栈窗口中再回到【Bend】层级。
9. 在 修改器列表 ▼ 下拉列表中选择【弯曲】修改器，为长方体再添加一个弯曲修改，其【参数】面板中的设置如图 5-59 所示。
10. 在修改器堆栈窗口中选择【Bend】/【中心】子物体，在前视图中将其沿 y 轴向上移动至长方体底部 1/3 处，位置如图 5-60 所示。

图 5-59   【参数】面板中的设置（3）

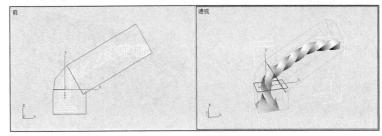

图 5-60   中心子物体的位置（3）

11. 在修改器堆栈窗口中再回到【Bend】层级。

12. 在顶视图中移动长方体，使其顶部位于屏幕坐标系的中心点处，位置如图 5-61 所示。

13. 在主工具栏中的 视图 ▼ 下拉列表中选择 世界 ▼ 选项，然后在 按钮上按住鼠标左键，在下拉的按钮组中选择 按钮，使用世界坐标系为当前坐标系统，此时物体上的指针就会移至原点处。

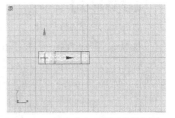

图 5-61   长方体在顶视图中的位置

14. 选择菜单栏中的【工具】/【阵列】命令，在【阵列】对话框中设置【旋转】/【Z】值为"90"，【数量】/【1D】值为"4"，单击 确定 按钮，阵列效果如图 5-62 所示。

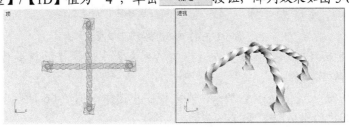

图 5-62   长方体阵列结果

15. 单击 / 按钮，在 标准基本体 ▼ 下拉列表中选择 AEC 扩展 ▼ 选项。单击【对象类型】面板中的 切角长方体 按钮，在顶视图中创建一个切角长方体，其参数设置如图 5-63 左图所示，然后在前视图中将其移动至长方体顶部，如图 5-63 中图所示，位置如图 5-63 右图所示。

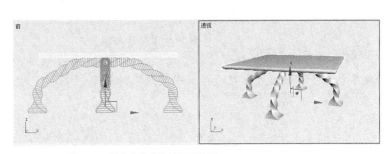

图 5-63   长方体的参数设置及位置

16. 选择菜单栏中的【文件】/【保存】命令，将场景保存为"05_茶几.max"文件。

实训二 制作厂房的钢架结构

要求：利用【晶格】修改器制作钢架结构，效果如图 5-64 所示。

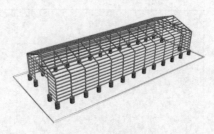

图 5-64　厂房钢架结构

【步骤解析】

1. 重新设定软件系统。单击 ⬚ / ◉ / ▭平面▭ 按钮，在前视图中创建 1 个平面物体，参数设置和效果如图 5-65 所示。

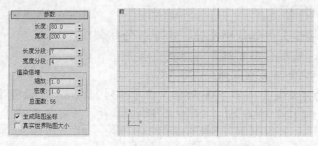

图 5-65　【平面】物体的参数设置及效果

2. 单击 ✎ 按钮进入修改命令面板，在【修改器列表】中选择【编辑多边形】命令，为平面物体添加编辑网格修改。

3. 单击 ▮ 按钮，进入【多边形】层级，在前视图中选中如图 5-66 所示的中心部位的面。然后按键盘上的 Delete 键，删除这些面。

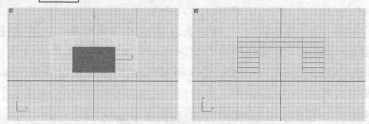

图 5-66　删除中心区域面

4. 关闭 ▮ 按钮，回到【编辑多边形】的父物体层级，再添加 1 个【晶格】修改器，适当修改各参数。参数设置和在透视图中的效果如图 5-67 所示。

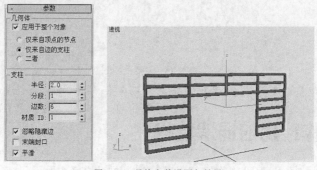

图 5-67　晶格参数设置与效果

5. 单击 / / 扩展基本体 / 棱柱 按钮，在前视图中创建一个三棱柱，参数设置及位置如图 5-68 所示。

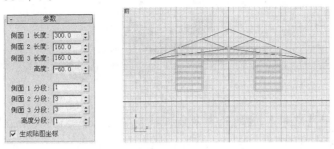

图 5-68 【棱柱】的参数设置与位置

6. 给棱柱也添加 1 个【编辑多边形】修改器，进入 层级。在顶视图，选中后半部分顶点，然后删除，如图 5-69 左图所示。再在前视图中选中下半部分顶点，然后删除，如图 5-69 右图所示。

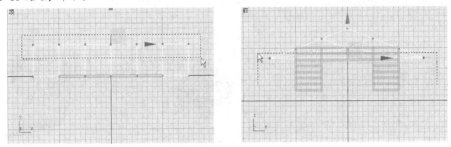

图 5-69 删除多余顶点

7. 单击修改命令面板中的 按钮，之后再给该物体添加【晶格】修改器。参数设置如图 5-67 左图所示。创建 1 个圆柱体，参数设置如图 5-70 所示，然后以实例方式复制 3 个，作为这个钢架结构的底部支撑，效果如图 5-70 所示。

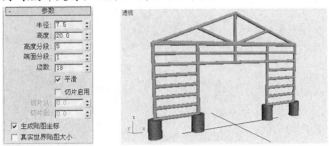

图 5-70 钢架结构支撑柱参数设置与效果

8. 利用相同方法，制作其他部分，最终效果如图 5-64 所示。

9. 选择菜单栏中的【文件】/【另存为】命令，将场景另存为 "05_钢架结构_ok.max" 文件。

实训三 制作螺母

要求：利用三维布尔运算功能做出如图 5-71 所示的螺母效果。

图 5-71 螺母效果

【步骤解析】

1. 选择菜单栏中的【文件】/【打开】命令，打开 "Scenes\05_螺母.max" 文件。这是包含 1 个六边体的场景文件。

2. 单击 ⯈ / ⯁ / 圆柱体 按钮，创建 1 个【半径】为 "8"、【高度】为 "30" 的圆柱体。利用 ◈ 对齐工具将其与六边体中心对齐，然后在左视图中将其沿 y 轴向下移动一段距离，使圆柱体与六边体充分相交，位置如图 5-72 所示。

3. 将圆柱体与六边体进行三维布尔减运算，结果如图 5-73 所示。

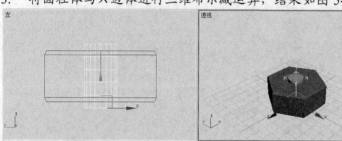

图 5-72 圆柱体在左视图和透视图中的位置

图 5-73 三维布尔减运算结果

4. 单击 ⯈ / ⯁ 按钮，在 标准基本体 ▼ 下拉列表中选择 AEC 扩展 ▼ 选项。单击【对象类型】面板中的 油罐 按钮，在透视图中创建 1 个油罐物体，参数设置及位置如图 5-74 所示。

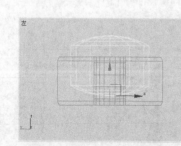
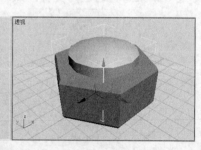

图 5-74 油罐物体的参数设置及位置

5. 将油罐物体与原物体进行三维布尔减运算，结果如图 5-71 所示。

6. 选择菜单栏中的【文件】/【另存为】命令，将场景另存为 "05_螺母_ok.max" 文件。

 项目小结

本项目主要介绍了【锥化】、【扭曲】、【晶格】、【编辑网格】修改器和三维布尔运算建模的使用方法。在使用这些功能时，用户应注意初始物体要拥有足够的段数，否则将无法得到正确的结果。

　　其中，【编辑网格】修改命令可以方便地改变物体任意部分的子物体形态，但需要操作者具有熟练的三维空间操作能力以及空间想象能力，这需要通过大量的练习来掌握。

　　本项目的另一个重点就是三维布尔运算，其中比较重要的步骤就是实行布尔运算的物体要互相嵌套，这样才能有效实行布尔运算操作。

　　另外，在进行布尔运算中的减运算时，在不影响最终效果的前提下，应尽量将操作对象 B 做得大些，使之与操作对象 A 有充分的形体交错，以确保布尔运算的成功率。

思考与练习

1. 利用【扭曲】和【锥化】修改命令，制作如图 5-75 所示的柱子。
2. 利用【晶格】修改功能，创建如图 5-76 所示的框架结构。

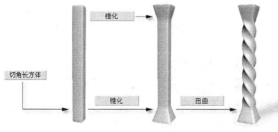

图 5-75　柱子制作过程

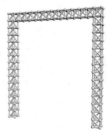

图 5-76　框架物体

2D 转 3D 建模方法

有些复杂的 3D 模型不容易被分解成简单的几何形体。在创建这类比较复杂的物体时，首先需要创建一个二维截面，之后再经过一些 2D 转 3D 修改命令，将二维线型转变成三维物体。这些修改命令有【挤出】、【倒角】、【车削】等，它们都是 3ds Max 9 中造型方面常用的工具。这类修改命令的基本工作流程是先生成二维截面线型，然后为二维截面增加一个厚度，从而生成三维物体。

学习目标

掌握各种二维画线命令的使用方法。

掌握二维线型子物体编辑方法。

掌握并能熟练运用【挤出】建模方法。

掌握并能熟练运用【车削】建模方法。

掌握并能熟练运用【放样】建模方法。

任务一 二维画线

二维画线功能是 3ds Max 9 的另一种建模方法。二维线型是在 ⯇ 创建命令面板的 ⬡ 图形面板中生成的，然后再为其施加不同的修改器，使之形成复杂的三维物体。

在 3ds Max 9 中共有 11 种二维线型可供使用，如图 6-1 所示。

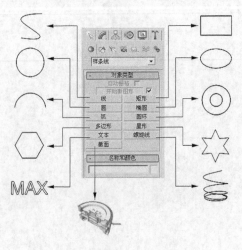

图 6-1　二维线型创建命令面板

（一） 利用【线】命令绘制标志图形

【线】命令常用于绘制任何形状的封闭或开放型曲线与线段，其创建方法简单而具有代表性，大多数二维线型的创建方法都与之相似。

本任务利用画线功能绘制一条如图6-2所示的曲线。

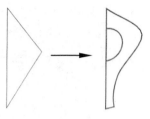

图6-2 曲线形态

【步骤解析】

1. 重新设定软件系统。单击 ⬚ / ⬚ / ⬚ 线 ⬚ 按钮，激活前视图，单击鼠标左键，确定线段的起始点。

2. 向右移动鼠标指针，单击鼠标左键，确定第2点的位置。

3. 向左移动鼠标指针，单击鼠标左键，确定第3点的位置。

4. 向上移动鼠标指针，在直线的起始点处单击鼠标左键，在弹出的【样条线】对话框中单击 是(Y) 按钮闭合线段，如图6-3左图所示。此时，线段形态如图6-3右图所示。

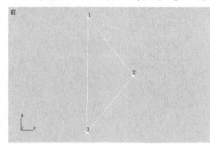

图6-3 【样条线】对话框及线段形态

5. 展开【渲染】面板，选中其中的【在渲染中启用】复选框，使曲线成为可以渲染的物体。

6. 激活透视图，适当调整透视图的显示角度，然后单击工具栏中的 ⬚ 按钮进行渲染，效果如图6-4所示。

7. 将【径向】/【厚度】的值设为"10"，再次渲染透视图，此时曲线变粗了。此值可设置曲线渲染时的粗细，效果如图6-5所示。

图6-4 线段的渲染效果

图6-5 加粗后的线段渲染效果

【知识链接】

【渲染】面板中的常用参数说明如下。

- 【在渲染中启用】：选中该复选框，可使二维线型以圆柱体（径向）或长方体（矩形）的形式进行渲染。

- 【在视口中启用】：选中该复选框，在透视图中能以可渲染的实体方式显示曲线。

- 【径向】/【厚度】：设置二维线型渲染时的粗细程度。

8. 单击 按钮进入修改命令面板，再单击【选择】面板上的 按钮，使其变为黄色激活状态，在前视图中选择如图 6-6 左图所示的顶点。

9. 单击工具栏中的 按钮，将其向右上方移动一段距离，位置如图 6-6 右图所示。

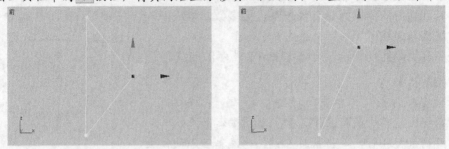

图 6-6　移动点的位置

10. 在此顶点上单击鼠标右键，在弹出的快捷菜单中选择【平滑】点类型，如图 6-7 左图所示，此时，顶点两侧的线显示为圆滑过渡形态，如图 6-7 右图所示。

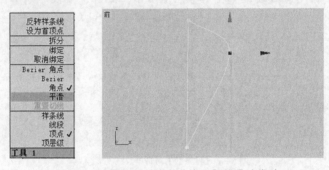

图 6-7　顶点类型选择的快捷菜单及【平滑】点类型

【知识链接】

二维线型的顶点有【角点】、【平滑】、【Bezier】（贝塞尔）和【Bezier 角点】4 种类型，含义如下。

- 【平滑】：顶点两侧的线自动变为光滑曲线。
- 【角点】：顶点两侧的线显示为折线。
- 【Bezier】和【Bezier 角点】：顶点两侧会出现 2 条绿色的调节杆，可以通过移动调节杆的位置来调整顶点两侧曲线的状态。

11. 选择最底部的顶点，按住鼠标左键向上拖动修改命令面板，直至出现【几何体】面板。

12. 单击 断开 按钮，打断此顶点，然后在断点处单击鼠标左键，选择一个顶点进行移动，会发现原顶点变为了 2 个顶点，如图 6-8 所示。

图 6-8　断开顶点

13. 单击 插入 按钮，将鼠标指针放在右侧曲线上，此时鼠标指针形态如图 6-9 左图所示，单击两次鼠标左键，再单击鼠标右键，在不改变曲线形态的前提下加入 1 个新的点，如图 6-9 右图所示。此功能常用来圆滑局部曲线。

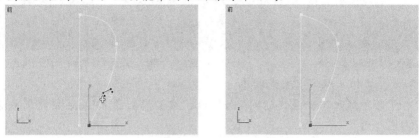

图 6-9　指针及加入点的形态

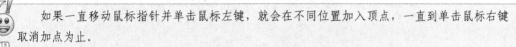

如果一直移动鼠标指针并单击鼠标左键，就会在不同位置加入顶点，一直到单击鼠标右键取消加点为止。

14. 在 插入 按钮上单击鼠标左键，取消加点状态。

15. 将此点转换为【平滑】形态并移动位置，结果如图 6-10 所示。

图 6-10　移动顶点的位置

16. 单击 连接 按钮，将鼠标指针放在底部左边的顶点处，按住鼠标左键向右拖至另一顶点处，如图 6-11 左图所示，连接两个顶点，结果如图 6-11 右图所示。

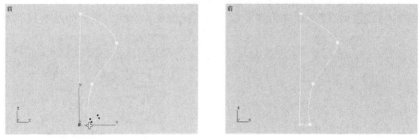

图 6-11　连接两个顶点

17. 单击 / / 圆 按钮，在前视图中按住鼠标左键创建 1 个半径为"30"的圆形，如图 6-12 所示。

18. 选择曲线，单击 按钮进入修改命令面板，再单击【选择】面板上的 按钮。

19. 在【几何体】面板中单击 附加 按钮，将鼠标指针放在前视图中的圆形上，此时鼠标指针形态如图 6-13 左图所示。单击鼠标左键，2 条线就会结合成为 1 个线形，呈被选择状态，如图 6-13 右图所示。

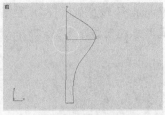  

图 6-12　圆形在前视图中的位置　　　　　图 6-13　指针形态及 2 条线形结合后的形态

20. 单击　　附加　　按钮，取消其激活状态。

21. 框选左侧的 2 段线形，如图 6-14 左图所示，按键盘上的 $\boxed{\text{Delete}}$ 键将其删除，结果如图 6-14 右图所示。

图 6-14　选择线段子物体并删除

22. 单击 ✏ 按钮，使其关闭。

23. 选择菜单栏中的【文件】/【保存】命令，将场景保存为 "06_线.max" 文件。

（二）　利用【文本】命令书写文字

利用【文本】按钮可直接生成文本图形，也可以为其设置各种字体、字形的大小、内容、间距等。

【步骤解析】

1. 重新设定软件系统。单击 ⬚ / ⬚ / 　　文本　　按钮，在【参数】面板下方的【文本】文本框内输入文字，例如 "文本"，如图 6-15 所示。

2. 在前视图中单击鼠标左键，创建的 "文本" 文字就出现在前视图中，如图 6-16 所示。

图 6-15　在文本框内输入文字　　　　　图 6-16　"文本" 文字在前视图中的形态

3. 单击 ✏ 按钮进入修改命令面板，在【参数】面板中展开 [Arial ▼] 字体下拉列表，在这里可以选择所需要的字体。

4. 在字体下拉列表中选择【黑体】，此时视图中 "文本" 的字体就变成黑体，如图 6-17 所示。

5. 在【文本】文本框内按住鼠标左键拖动，使 "文本" 呈反白显示，然后输入 "效果" 二字，此时视图中的 "文本" 就变为 "效果" 字样，如图 6-18 所示。

94

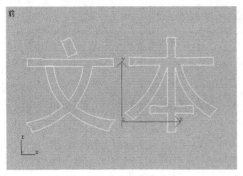

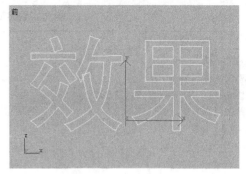

图 6-17 改变文字的字体

图 6-18 修改文本内容

> 一般曲线较多的字体如隶书、行楷等会产生许多顶点，这样在进行修改时，会影响制作速度，最好先用【编辑样条线】命令来删除一些不必要的顶点，对线型进行优化处理，如图 6-19 所示。

修改前有 123 个顶点

修改后有 88 个顶点

图 6-19 优化前后的线型顶点数比较

【知识链接】

【参数】面板中，字体下拉列表下方是排版按钮组，通过按钮组中的按钮可以对文字进行简单的排版。

- I 按钮：设置斜体字体。
- U 按钮：添加下划线。
- 按钮：左对齐。
- 按钮：居中。
- 按钮：右对齐。
- 按钮：两端对齐。

其中，应用 I 按钮和 U 按钮的效果如图 6-20 所示。

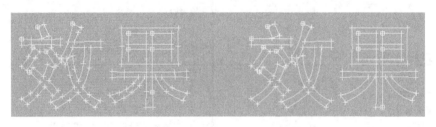

图 6-20 斜体字体及加下划线字体的应用

- 【大小】：设置文字的大小尺寸。
- 【字间距】：设置文字之间的间隔距离。
- 【行间距】：设置文字行与行之间的距离。

【知识拓展】

在 3ds Max 9 中还有圆、椭圆、螺旋线等二维画线功能，它们的创建方法基本相同。表 6-1 所示为标准二维线型的图例和创建方法。

3ds Max 9 中文版基础教程（第 2 版）

表 6-1 标准二维线型的图例和创建方法

名称及创建方法	图例	名称及创建方法	图例
线 1）单击鼠标左键确定第 1 点 2）移动鼠标，单击左键确定第 2 点 3）单击鼠标右键完成创建		圆 1）按住鼠标左键拖曳 2）松开鼠标左键完成创建	
弧 1）按住鼠标左键拖曳 2）松开鼠标左键移动 3）单击鼠标左键确定，完成创建		多边形 1）按住鼠标左键拖曳 2）松开鼠标左键完成创建	
文本 1）在文本框内输入文字 2）在视图中单击鼠标左键完成创建	MAX MAX MAX MAX	截面 1）在原物体上按住鼠标左键拖出矩形 2）单击 创建图形 按钮创建截面	
矩形 1）按住鼠标左键确定第 1 个角点 2）移动鼠标 3）松开鼠标左键确定第 2 个角点		椭圆 1）按住鼠标左键拖曳 2）松开鼠标左键完成创建	
圆环 1）按住鼠标左键拖曳 2）松开鼠标左键移动 3）单击鼠标左键确定		星形 1）按住鼠标左键拖曳 2）松开鼠标左键移动 3）单击鼠标左键确定，完成创建	
螺旋线 1）按住鼠标左键拖曳 2）松开鼠标左键移动 3）单击鼠标左键拖曳 4）单击鼠标左键完成创建			

在 ◎ / 样条线 ▼ 下拉列表中有一个 扩展样条线 ▼ 选项，利用该选项可以创建更为复杂的二维线型。表 6-2 所示为扩展二维线型的图例和创建方法。

表 6-2 扩展二维线型的图例及创建方法

名称及创建方法	图例	名称及创建方法	图例
W矩形 1）按住鼠标左键拖出矩形框 2）移动鼠标，确定内框大小 3）单击鼠标左键完成创建		通道 1）按住鼠标左键拖出长度和宽度 2）移动鼠标，确定厚度 3）单击鼠标左键完成创建	
角度 1）按住鼠标左键拖出长度和宽度 2）移动鼠标，确定厚度 3）单击鼠标左键完成创建		三通 1）按住鼠标左键拖出长度和宽度 2）移动鼠标，确定厚度 3）单击鼠标左键完成创建	
宽法兰 1）按住鼠标左键拖出长度和宽度 2）移动鼠标，确定厚度 3）单击鼠标左键完成创建			

96

任务二　【编辑样条线】修改器

【编辑样条线】修改器可以为图形的不同层级提供编辑工具，其中比较常用的是二维布尔运算功能。

（一）　利用二维布尔运算功能制作齿轮

布尔运算是一种逻辑数学的计算方法，主要用来处理两个集合的域的运算。当两个造型相互重叠时，就可以进行布尔运算。

本任务将利用二维布尔运算制作如图 6-21 所示的齿轮图形。

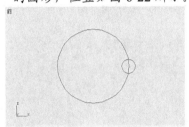

图 6-21　二维布尔运算

【步骤解析】

1. 重新设定软件系统。依次单击  /  / 圆 按钮，在前视图中绘制 1 个半径为 "80" 和 1 个半径为 "15" 的圆形，位置如图 6-22 所示。

图 6-22　2 个圆形的位置

2. 在主工具栏中的参考坐标系 视图 ▼ 窗口中按住鼠标左键，在弹出的选项中选择【拾取】选项，然后单击大圆，以它的坐标系为参考坐标系。

3. 在 按钮上按住鼠标左键，在弹出的下拉列表中选择 按钮。选择菜单栏中的【工具】/【阵列】命令，在弹出的【阵列】对话框中设置如图 6-23 左图所示参数，单击 确定 按钮，阵列结果如图 6-23 右图所示。

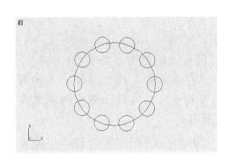

图 6-23　【阵列】对话框中的设置及阵列结果

4. 选择大圆，单击 按钮，进入修改命令面板，在【修改器列表】中选择【编辑样条线】选项，为圆形添加编辑样条线修改。

5. 单击【几何体】面板中的 附加多个 按钮，在弹出的【附加多个】对话框中选择所有的圆形，如图 6-24 左图所示，再单击 附加 按钮，将选择的圆形与大圆结合为一体，结果如图 6-24 右图所示。

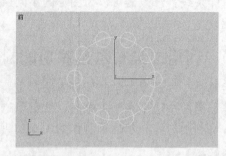

图 6-24 【附加多个】对话框及附加结果

6. 单击【选择】面板中的 ⌒ 按钮，在前视图中单击大圆形，再单击 布尔 按钮右侧的 ⌀ 按钮，然后单击 布尔 按钮，在前视图中单击各个小圆形，进行布尔差运算，结果如图 6-25 所示。

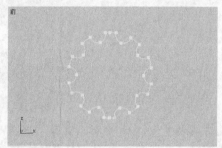

图 6-25 布尔差运算结果

7. 单击鼠标右键，取消布尔运算操作。
8. 单击 ⌒ 按钮，使其关闭。
9. 选择菜单栏中的【文件】/【保存】命令，将场景保存为"06_二维布尔运算.max"文件。

【知识链接】

样条线子物体部分面板如图 6-26 所示。

- 轮廓 ：在当前的曲线上添加一条轮廓线，如果原曲线为开放曲线，在添加轮廓的同时系统会自动进行闭合操作。

- 布尔 ：为线形提供 ⌀（并集）、⌀（差集）和 ⌀（相交）3 种布尔运算方式，各种布尔运算结果如图 6-27 所示。

图 6-26 样条线子物体部分面板

⌀（并运算）：布尔并运算就是结合两个造型所有涵盖的部分。

⌀（差运算）：布尔差运算就是用第 1 个被选择的造型减去与第 2 个造型相重叠的部分，剩余第 1 个造型的其余部分。

⌀（交运算）：布尔交运算就是保留两个造型相互重叠的部分，其他部分消失。

图 6-27　各种布尔运算结果

- 　镜像　：用来对所选择的曲线进行 □□（水平镜像）、 □（垂直镜像）和 ◇（双向镜像）操作，结果如图 6-28 所示。

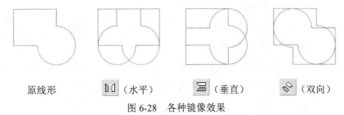

原线形　　　□□（水平）　　　□（垂直）　　　◇（双向）

图 6-28　各种镜像效果

（二）　利用修剪与延伸功能绘制门图案

　修剪　与　延伸　工具多用于加工复杂交叉的曲线，使用这两个按钮可以轻松地打掉交叉或重新连接交叉点，被打掉交叉的断点处会自动重新闭合，常用来加工字形或复杂图形。

本任务将利用修剪与延伸功能制作一个门图案，结果如图 6-29 所示。

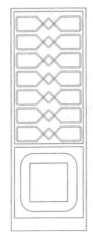

图 6-29　门图案形态

【步骤解析】

1. 选择菜单栏中的【文件】/【打开】命令，打开 "Scenes\06_修剪与延伸.max" 文件。

2. 激活前视图，选择门内的矩形，单击 ✐ 按钮进入修改命令面板。在 修改器列表 ▼ 下拉列表中选择【编辑样条线】命令，为其添加编辑样条曲线修改。

3. 在【几何体】面板中，单击 附加 按钮，然后选择菱形曲线，将其结合到矩形曲线中，使场景中的曲线成为一个整体，结果如图 6-30 所示。

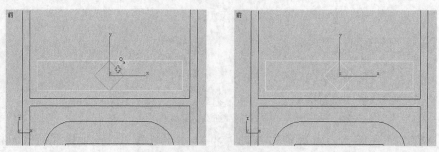

图 6-30　选择矩形并附加菱形

4. 单击 附加 按钮，关闭此按钮。

5. 单击【选择】面板中的 ∧ 按钮，在前视图中选择菱形线型子物体，再单击【几何体】
   面板中的 炸开 按钮，将其打散。

6. 单击 延伸 按钮，将鼠标指针放在炸开后的线段上，此时鼠标指针形态如图 6-31 左
   图所示，单击鼠标左键，将线段向矩形边处延伸，结果如图 6-31 中图所示。

7. 利用相同方法，为其他线段做延伸处理，结果如图 6-31 右图所示。

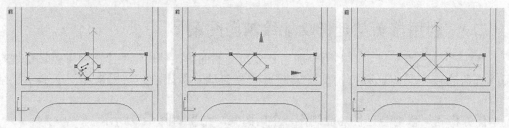

图 6-31　鼠标指针形态及延伸后的结果

8. 单击 修剪 按钮，将鼠标指针放在要剪切的线段上，此时鼠标指针形态如图 6-32 左
   图所示，单击鼠标左键，剪切掉该线段，然后利用相同方法，修剪其余线段，结果如
   图 6-32 右图所示。

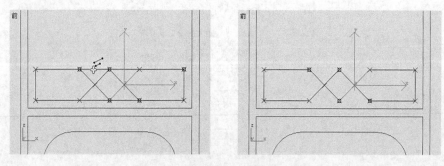

图 6-32　鼠标指针形态及剪切后的效果

9. 单击【选择】面板中的 ∷ 按钮，在前视图中选择修剪处的非闭合节点，在【几何体】
   面板中，确认 焊接 按钮右侧文本框内的数值大于"0.1"，然后单击 焊接 按钮，
   焊接所有的点，使修改后的线段结合为一条线型。

　【自动焊接】与 焊接 按钮的区别在于：前者是将一个顶点移动到另外一个顶点上进行
焊接；而后者是两个顶点同时移动进行焊接。在使用 焊接 按钮进行焊接时，其右侧文本框
内的数值（即焊接阈值）要尽量设置得大些，这样才能保证焊接成功。

10. 选择如图 6-33 左图所示的节点，将圆角值设为 "5"，为其制作圆角，结果如图 6-33 右图所示。

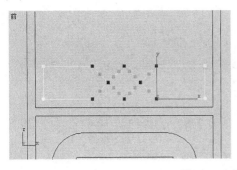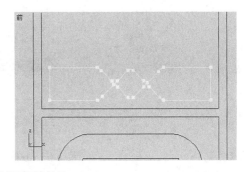

图 6-33 为节点设置圆角效果

11. 单击 ⌃ 按钮，选择修剪后的样条线，如图 6-34 左图所示，在 轮廓 按钮右侧的文本框内输入数值 "–4"，为其做出轮廓，效果如图 6-34 右图所示。

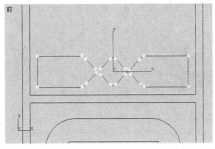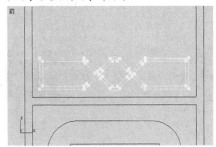

图 6-34 为样条线做出轮廓

12. 单击 ⌃ 按钮，使其关闭，然后将线型向上以【实例】方式移动复制 7 个，结果如图 6-29 所示。

13. 选择菜单栏中的【文件】/【另存为】命令，将此场景另存为 "06_修剪与延伸_ok.max" 文件。

任务三 利用【挤出】修改器制作立体字模型

利用【挤出】修改器为一条闭合曲线图形进行挤出处理，可以使其增加厚度，将其挤出成三维实体；如果为一条非闭合曲线进行挤出处理，那么挤出后的物体就会是一个面片。

本任务将利用【挤出】修改器制作如图 6-35 所示的立体字造型。

图 6-35 拉伸立体字建模效果

【步骤解析】

1. 重新设定软件系统。单击 ⌖ / ⬡ / 文本 按钮，在文本框中写入 "立体字" 3 个字。然后在前视图中单击鼠标，创建文本字线型，如图 6-36 所示。

 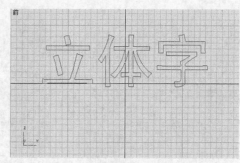

图 6-36　立体字的参数设置和位置

2. 单击 按钮进入修改命令面板，在【修改器列表】下拉列表中选择【挤出】修改器，将【参数】/【数量】值设为 "50"，此线型就被挤出 50 个单位的厚度，形态如图 6-37 所示。

图 6-37　拉伸后的立体字

3. 在修改器堆栈中，回到【Text】层级，单击 **U** 按钮，可以看到视图中的立体字下方自动出现了一个长方体，这就是回到文本层添加下划线的效果。

4. 接下来我们改变一种拉伸方式，使立体字更加丰满。回到【挤出】层级，单击修改器堆栈工具栏中的 按钮，删除该修改器，使立体字回到二维线型状态，将字体换为隶书。

5. 在【修改器列表】下拉列表中选择【倒角】修改器，适当修改各参数。这时产生的立体字就更加圆润了，如图 6-38 所示。

图 6-38　倒角立体字参数设置和效果

 倒角与挤出的区别：挤出只有一层立体效果，而且边缘没有直接可调参数；而倒角修改则复杂一些，倒角可分 3 层挤出，每一层还可以进行斜切倒角，使得立体字的效果更加丰满。同时也会使得模型更为复杂，若参数调节不当会产生意想不到的毛刺。

6. 选择菜单栏中的【文件】/【保存】选项，将场景保存为"06_挤出.max"文件。

【知识链接】

【挤出】修改器的【参数】面板如图 6-39 所示，其中的常用参数说明如下。

图 6-39 挤出【参数】面板

- 【数量】：设置挤出的厚度，效果如图 6-40 所示。
- 【线段】：设置挤出厚度上的片段划分数。

【数量】：0 　　　　　　【数量】：50 　　　　　　【数量】：100

图 6-40 不同【数量】的挤出效果

【封口】选项栏中的参数说明如下，效果如图 6-41 所示。

- 【封口始端】：在顶端加面，封盖物体。
- 【封口末端】：在底端加面，封盖物体。

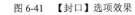

全部选中 　　　　　　取消【封口末端】 　　　　　　全不选中

图 6-41 【封口】选项效果

 在进行【封口】操作时，由于软件系统默认物体的背面为不可见状态，因此此时若为物体赋一个双面材质，就能更好地观察到封口效果。

任务四 利用【车削】修改器制作花瓶模型

【车削】修改器通过旋转一个二维图形来产生三维物体。

本任务将利用【车削】修改器制作 1 个花瓶，效果如图 6-42 所示。

1. 重新设定软件系统。单击 ⬚ / ⬚ / 线 按钮，在前视图中画 1 条弯曲的曲线，形状如图 6-43 所示。注意在曲线的顶端要做出 1 个拐角，这样在旋转成花瓶后，就会有 1 个圆滑的、稍有厚度的花瓶口。

2. 单击 ⬚ 按钮进入修改命令面板。在【修改器列表】中选择【车削】修改器，为曲线施加旋转修改。

图 6-42 车削修改器效果

3. 单击【参数】面板中【对齐】选项栏中的 最小 按钮，旋转后的物体形态如图 6-44 所示。

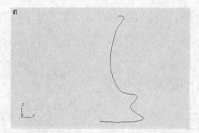

图 6-43　曲线在前视图中的形态

图 6-44　旋转形成花瓶的形态

4. 选择菜单栏中的【文件】/【保存】命令，将场景保存为 "06_车削.max" 文件。

【知识链接】

【车削】修改器的【参数】面板如图 6-45 所示。

- 【度数】：设置车削成形的角度，360° 是一个完整的环形，小于 360° 会形成扇形，形态如图 6-46 所示。

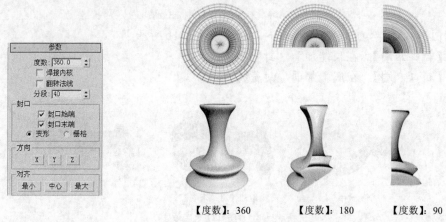

图 6-45　【参数】面板

【度数】：360　　【度数】：180　　【度数】：90

图 6-46　不同的【度数】形成不同的形态

- 【分段】：设置车削圆周上的片段划分数，值越高，造型越光滑，如图 6-47 所示。取消参数面板底部的【光滑】选项，效果会更明显。

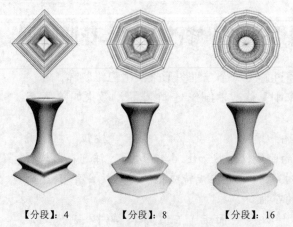

【分段】：4　　【分段】：8　　【分段】：16

图 6-47　不同的【分段】形成不同的形态

- 【方向】：设置车削轴的方向，如果选择的轴向不正确，物体会产生扭曲。

- 【对齐】：将旋转轴与图形的最小、居中或最大范围对齐，形态如图 6-48 所示。

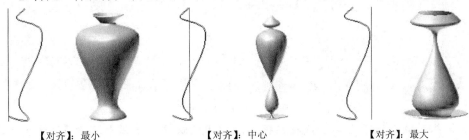

【对齐】：最小　　　　　　　【对齐】：中心　　　　　　　【对齐】：最大

图 6-48　不同的【对齐】方式形成不同的形态

任务五　利用【放样】修改器制作罗马柱

　　一些外形复杂的物体，如线条各异的现代派雕塑、形态不对称的造型等，很难通过对基本几何物体进行组合或修改而生成，而放样功能却可以较为容易地完成这些复杂的造型。

　　本任务将利用【放样】修改器来制作一个罗马柱，效果如图 6-49 所示。

图 6-49　放样罗马柱

【步骤解析】

1. 重新设定软件系统。单击 ⬚ / ⬚ / ⬚圆⬚ 按钮，在顶视图中绘制 1 个半径为 "25" 的圆形，然后单击 ⬚线⬚ 按钮，在前视图中绘制一段垂直线段。

2. 选择线段，在创建命令面板中的 标准基本体 ▾ 下拉列表中选择 复合对象 ▾ 选项。

3. 单击其下按钮组中的 ⬚放样⬚ 按钮，然后再单击【创建方法】面板中的 ⬚获取图形⬚ 按钮，在顶视图中拾取圆形，生成放样物体的形态如图 6-50 所示。

4. 单击 ⬚ 按钮进入修改命令面板，展开【变形】面板，单击 ⬚缩放⬚ 按钮，打开【缩放变形】对话框。

5. 单击【缩放变形】对话框工具栏中的 ⬚ 按钮，分别在直线上单击鼠标左键加入几个点，结果如图 6-51 所示。

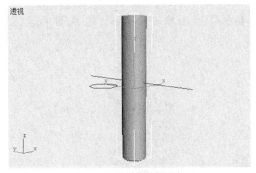

图 6-50　放样物体的形态

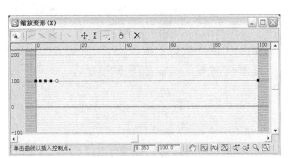

图 6-51　在直线上加点

6. 单击【缩放变形】对话框工具栏中的 ⬚ 按钮，按住键盘上的 Ctrl 键，选择如图 6-52 左图所示的顶点，向上移动一段距离，结果如图 6-52 右图所示。

图 6-52　向上移动顶点

7. 将鼠标指针放在顶点上单击鼠标右键，在弹出的快捷菜单栏中选择【Bezier-平滑】命令，如图 6-53 左图所示，然后利用调节杆调整顶点的形态，结果如图 6-53 右图所示。

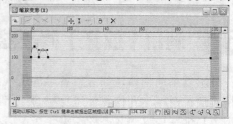

图 6-53　改变顶点方式并调节形态

8. 利用相同方法为直线另一端加入顶点并调节状态，结果如图 6-54 所示。最后，渲染透视图，效果如图 6-49 所示。

9. 选择菜单栏中的【文件】/【保存】选项，将场景保存为 "06_放样.max" 文件。

图 6-54　另一端点的状态

【知识链接】

对二维线型进行放样建模后，在修改命令面板中会出现与放样相关的几个参数面板，这里主要介绍【创建方法】面板和【蒙皮参数】面板。

(1) 【创建方法】面板。

【创建方法】面板如图 6-55 所示。

- 获取路径 按钮：在放样前如果先选择的是截面图形，单击此按钮，在视图中选择将要作为路径的图形。
- 获取图形 按钮：在放样前如果先选择的是路径图形，单击此按钮，在视图中选择将要作为截面的图形。

(2) 【蒙皮参数】面板。

【蒙皮参数】面板如图 6-56 所示。

图 6-55　【创建方法】面板

图 6-56　【蒙皮参数】面板

- 【封口】选项栏：控制放样物体的两端是否封闭，效果如图 6-57 所示。

全部封口　　　　　　　　　取消【封口始端】　　　　　　取消【封口末端】

图 6-57　不同【封口】开放效果

- 【选项】选项栏中部分参数的含义如下。

【图形步数】：设置截面图形顶点之间的步幅数，值越大，物体表皮越光滑。

【路径步数】：设置路径图形顶点之间的步幅数，值越大，造型弯曲越光滑。

不同步数值的效果如图 6-58 所示。

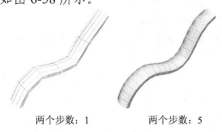

两个步数：1　　　　两个步数：5

图 6-58　不同步数值的效果

- 【显示】选项栏中各参数的含义如下。

【蒙皮】：选中此选项，将在视图中以网格方式显示它的表皮造型，效果如图 6-59 所示。

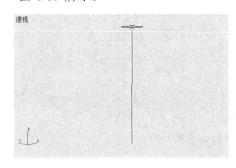 

不选中【蒙皮】　　　　　　　　　　选中【蒙皮】

图 6-59　【蒙皮】效果

【蒙皮于着色视图】：选中此选项，将在实体着色（平滑+高光）模式下的视图中显示它的表皮造型。

【知识拓展】

图 6-60　【变形】面板

【变形】面板如图 6-60 所示，其中提供了 5 个变形工具。在它们的右侧都有一个 ♀ 按钮，如果此按钮为 ♀ 开启状态，表示正在发生作用，否则对放样造型不产生影响，但其内部的设置仍保留。

单击一个变形命令，会打开相应的变形命令控制对话框。在变形命令中比较常用的按钮有以下几个。

- ⊕ 按钮：用于移动控制线上的控制点，来改变控制线的形状。

- ⁂ 按钮：在控制线上加入 1 个拐角点。

- ⊖ 按钮：删除当前选择的控制点。

- ✕ 按钮：将控制线恢复为原始状态。

- ⇄ 按钮：左右放缩显示控制线。

- ⇅ 按钮：上下放缩显示控制线。

- ⊡ 按钮：框选放缩显示控制点。

下面介绍一下【变形】面板中几个比较常用的变形修改功能。

- 缩放 按钮：通过改变截面图形在 x 轴、y 轴向上的缩放比例，使放样物体发生变形。

- 扭曲 按钮：通过改变截面图形在 x 轴、y 轴向上的旋转比例，使放样物体发生螺旋变形，效果如图 6-61 所示。

- 倾斜 按钮：通过改变截面图形在 z 轴上的旋转比例，使放样物体发生倾斜变形，效果如图 6-62 所示。

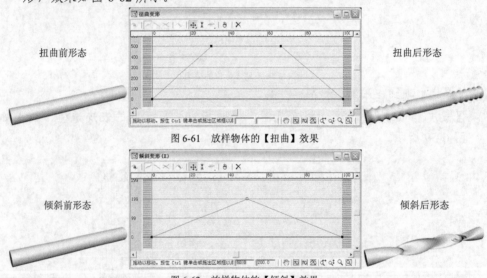

图 6-61 放样物体的【扭曲】效果

图 6-62 放样物体的【倾斜】效果

实训一 多线型结合制作花窗图案

要求：利用捕捉功能及二维线型绘制如图 6-63 所示的花窗图案。

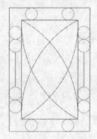

图 6-63 花窗效果

【步骤解析】

1. 重新设定软件系统。单击 / / 矩形 按钮，在前视图中绘制 1 个长 300、宽 200 的矩形，然后原地复制 1 个，修改【长度】值为 "240"、【宽度】值为 "140"，2 个矩形位置如图 6-64 所示。

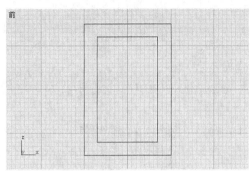

图 6-64　矩形的位置

2. 单击工具栏中的 按钮，打开三维捕捉，在此按钮上单击鼠标右键，在弹出的【栅格和捕捉设置】对话框中设置捕捉方式为【边/线段】捕捉。

3. 单击 / / 圆 按钮，在【创建方法】面板中选择【边】项，捕捉矩形的边绘制圆形，如图 6-65 所示。

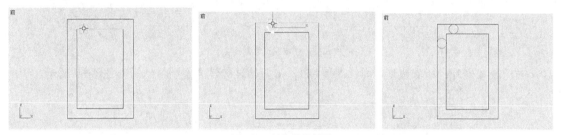

图 6-65　捕捉边绘制圆

4. 将捕捉方式改为【端点】捕捉。

5. 单击主工具栏中的 按钮，按住键盘上的 Shift 键，捕捉圆形的上端点，将其复制到圆形的下端点处，如图 6-66 所示。

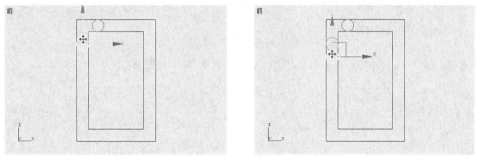

图 6-66　捕捉端点复制圆

6. 选择 3 个圆，在 视图 窗口选择【拾取】选项，在前视图中拾取任一矩形，在 按钮上按住鼠标左键，在弹出的按钮组中选择 按钮，以矩形的坐标为当前坐标系统。

7. 单击工具栏中的 按钮，沿 y 轴进行镜像复制，结果如图 6-67 所示。

3ds Max 9中文版基础教程（第2版）

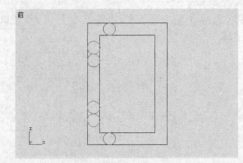

图 6-67　沿 y 轴镜像圆

8. 单击 　/ 　/ 　线　 按钮，捕捉圆的端点，绘制线段，如图 6-68 所示。

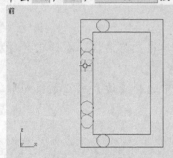

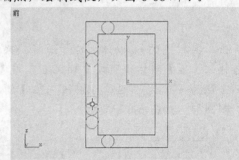

图 6-68　捕捉端点绘制线段

9. 选择除矩形外的所有线型，单击 按钮，沿 x 轴进行镜像复制，结果如图 6-69 所示。

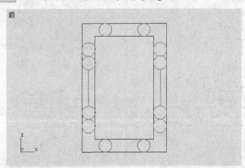

图 6-69　图形镜像后的位置

10. 单击 　/ 　/ 　弧　 按钮，捕捉端点绘制圆弧，如图 6-70 所示。

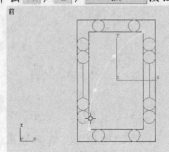

图 6-70　捕捉端点绘制圆弧

110

11. 选择 2 个圆弧，将其沿 x 轴和 y 轴面镜像复制，结果如图 6-71 所示。

图 6-71 镜像复制圆弧

12. 选择菜单栏中的【文件】/【保存】命令，将场景保存为 "06_花窗.max" 文件。

实训二 制作喂食器

要求：利用【车削】修改器制作 1 个喂食器，效果如图 6-72 所示。

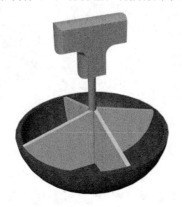

图 6-72 喂食器物体

【步骤解析】

1. 重新设定软件系统。在前视图中绘制 1 段如图 6-73 所示的闭合线形。可以用【线】来绘制，也可以通过绘制 2 个【矩形】然后修剪并焊接顶点来实现。

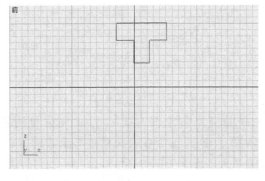

图 6-73 前视图中的闭合线形

2. 在修改命令面板中，进入【顶点】层级，选中如图 6-74 左图所示的 2 个点，单击修改命令面板中的 圆角 按钮，在前视图选中的节点上按住鼠标左键并拖曳鼠标，对其进行圆角处理。圆角效果如图 6-74 右图所示。

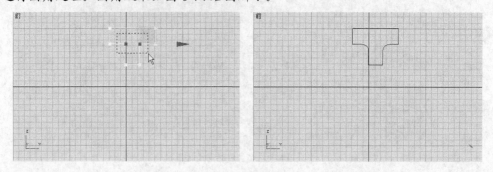

图 6-74 圆角处理

3. 关闭顶点层级，回到父物体层级。在修改器列表中为其添加【倒角】修改器，参数设置及修改后的形态如图 6-75 所示。

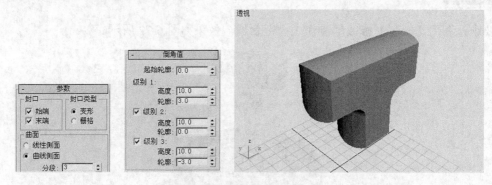

图 6-75 【倒角】参数设置及修改效果

4. 再用【线】或者【圆弧】进行修改，创建出 1 条如图 6-76 左图所示的曲线。在修改命令面板中，进入【样条线】层级，单击 轮廓 按钮，为该线型添加一个轮廓，如图 6-76 右图所示。

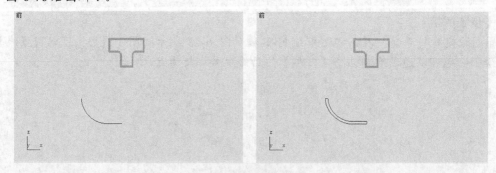

图 6-76 绘制轮廓

5. 在【修改器列表】中选择【车削】修改器，为曲线施加旋转修改。【对齐】方式选 最大 ，【分段】数增加到"32"。然后在前视图中与上方的 T 字物体中心对齐，两者之间的高度方向上的距离不变，如图 6-77 所示。

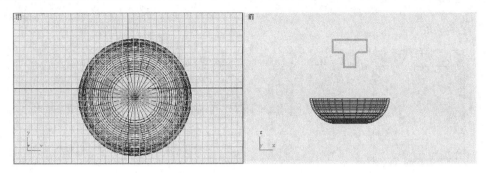

图 6-77　【车削】生成碗形物体

6. 再创建 1 个【半径】为 5 的圆柱体，连接上方的 T 字形把手和下方的碗形物体。

7. 选中碗形物体，进入【可编辑样条线】/【线段】层级，选中如图 6-78 所示的内边所有线段。选中【分离】命令下方的【复制】选项，然后单击【分离】命令，生成一段新线形。

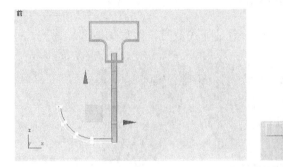

图 6-78　选中内边所有线段

8. 回到【车削】层之后，进入 ▣ 命令面板，单击【隐藏】/ 隐藏选定对象 按钮，将碗形物体隐藏。

9. 修改刚刚生成的线型，至图 6-79 左图所示形态，然后进行【挤出】修改，效果如图 6-79 右图所示。挤出【数量】值为 "5"。

图 6-79　【挤出】生成隔挡物体

10. 确定该挡板物体为选中状态，然后激活主工具栏中的 ↻ 按钮，在主工具栏的【视图】下拉列表中，选择【拾取】选项，在视图中单击与挡板紧靠的圆柱物体，然后再选择使用变换坐标中心按钮。

11. 激活 △ 角度锁定按钮，按住键盘上的 Shift 键，以实例方式旋转复制，生成另外 3 个挡板，效果如图 6-80 所示。

113

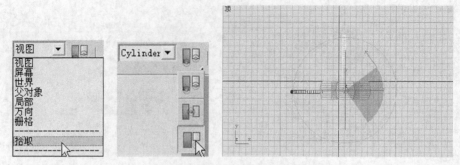

图 6-80　旋转复制另外 3 个挡板

12. 单击右键选择【全部取消隐藏】命令，最终效果如图所示。

13. 选择菜单栏中的【文件】/【保存】命令，将场景保存为 "06_喂食器.max" 文件。

实训三　制作对开式窗帘

要求：利用【放样】修改器制作一个对开式窗帘，效果如图 6-81 所示。

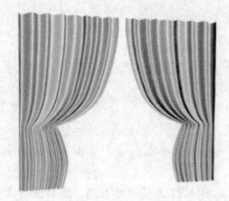

图 6-81　对开式窗帘效果

【步骤解析】

1. 重新设定软件系统。单击 ⬚ / ⬚ / ▁▁线▁▁ 按钮，在顶视图中绘制 1 条波浪线，在前视图中绘制 1 条垂直线段，形态如图 6-82 所示。

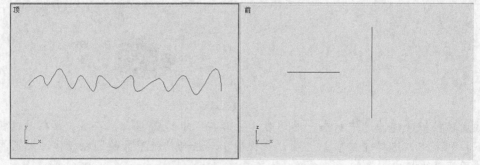

图 6-82　两条线段在顶视图和前视图中的形态

2. 以直线为路径，波浪线为截面进行放样修改，结果如图 6-83 所示。

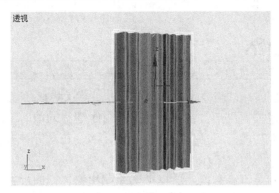

图 6-83　放样结果

可适当旋转放样物体，使其正面向前。

3. 在【蒙皮】面板中取消【蒙皮】选项的选中状态，使其在视图中以线型方式显示。

4. 在修改器堆栈中选择【Loft】/【图形】选项，然后在前视图中选择截面子物体，将其向右移动，使其左端与路径的顶点对齐，位置如图 6-84 所示。

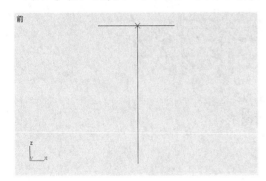
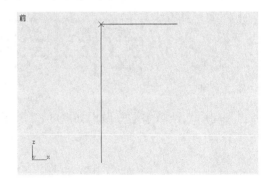

图 6-84　截面移动前后的位置比较

5. 展开【变形】面板，单击 缩放 按钮，打开【缩放变形】对话框，调节曲线至如图 6-85 所示的形态。

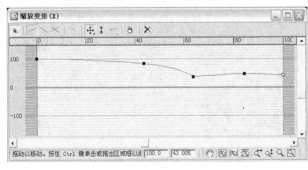
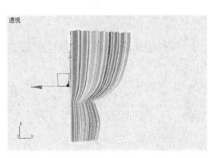

图 6-85　曲线形态及物体效果

6. 恢复网格显示，在前视图中将其以 x 轴镜像复制一个，然后再向右移动位置，效果如图 6-81 所示。

7. 选择菜单栏中的【文件】/【保存】命令，将场景保存为 "06_窗帘.max" 文件。

项目小结

本项目重点介绍了二维画线及 2D 转 3D 修改方法，这些都是 3ds Max 9 中重要的建模工具，比基本几何物体建模更灵活。在使用 2D 转 3D 建模功能时，应当学会抽象物体截面的思维模式，如【车削】功能，日常生活中的瓶子、碗、花盆等许多中心发散类物品都可以由该功能来创建完成。

这类建模功能的基础是二维画线，所以准确绘制出物体截面形状将决定最终三维造型的正确与否。通常二维线型截面都需要经过细致地编辑修改，因此二维线型的编辑才是二维画线功能的核心，需要重点掌握。

思考与练习

1. 利用二维线型绘制如图 6-86 所示的栏杆图形。

图 6-86　栏杆图形

2. 利用二维布尔运算做出如图 6-87 所示的图形。

图 6-87　二维布尔运算效果

3. 利用车削修改功能创建如图 6-88 所示的台阶效果。

图 6-88　台阶效果

项目七

灯光和摄影机

灯光是场景构成的一个重要组成部分，它可以使场景显得较为真实。在造型及材质已经确定的情况下，灯光效果的好坏直接影响到整体效果。

3ds Max 9中最常用的有3种类型的环境特效：第1种是雾效，根据场景的不同要求它可以分为很多类型；第2种是体积光效果；第3种是火焰，它能产生真实的动态燃烧效果，主要用来产生火焰、烟雾和水雾等特效。场景中加上这些效果可以增强真实感。

摄影机是一个场景中必不可少的组成单位，最后完成的静态图像、动态图像都要在摄影机视图中表现。3ds Max 9中的摄影机拥有超过现实中摄影机的能力，如更换镜头在瞬间即可完成。

学习目标

熟练掌握标准灯光的创建与调节方法。
了解体积光特效的用途与设置方法。
熟练掌握摄影机的创建与调节方法。
了解摄影机景深特效的用途与设置方法。
掌握各种环境雾效的创建与调节方法。
掌握火焰特效的创建与调节方法。

任务一 标准灯光

3ds Max 9中的标准灯光可分为聚光灯、平行光和泛光灯3类。这3种灯光本身并不能被渲染，只能在视图操作时看到，但灯光却可以影响周围物体表面的光泽、色彩和亮度。灯光通常是和物体的材质共同起作用的，它们之间合理地搭配可以产生恰到好处的色彩和明暗对比，从而使三维作品更具有立体感和真实感。从光源到物体之间的光线通常是不可见的，但是如果增加了体积光特效，就可以看到光线在空气中传播的形态。

本项目将利用标准灯光为场景添加光效，效果如图7-1所示。

图 7-1　场景的灯光效果

（一） 为场景添加标准灯光

在默认状态下，3ds Max 9 提供了一盏泛光灯以照亮场景，如果创建了新的灯光，默认灯光就会自动关闭。3ds Max 9 提供了 5 种传统的标准光源，分别是目标聚光灯、自由聚光灯、目标平行光、自由平行光和泛光灯。

由于所有标准灯光的属性大体相同，所以本项目以目标聚光灯为例，介绍它的使用方法。

【步骤解析】

1. 单击菜单栏中的【文件】/【打开】命令，打开"Scenes\07_灯光.max"文件，这是一个透明花瓶的场景。
2. 单击 ↘ / ↗ / 目标聚光灯 按钮，在前视图中按住鼠标左键，从右上至左下拖出一个目标聚光灯的图标，使其目标点落在花瓶上。松开鼠标左键，1 盏目标聚光灯就创建好了。
3. 在顶视图中，沿 y 轴向下移动目标聚光灯，使其目标点落到花瓶上，位置如图 7-2 所示。透视图的渲染效果如图 7-3 所示。

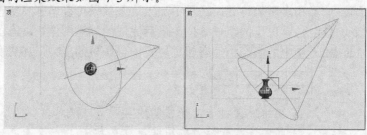

图 7-2　目标聚光灯在顶视图和前视图中的位置

4. 选择灯光后，单击 ◢ 按钮进入修改命令面板，在【常规参数】面板中选中【阴影】选项中的【启用】复选框，设置灯光阴影，渲染透视图，效果如图 7-4 所示。
5. 关闭渲染对话框。

图 7-3　灯光效果

图 7-4　灯光的阴影效果

【知识链接】

选择灯光后，单击 ◢ 按钮进入修改命令面板，其中几个参数面板介绍如下。

🔑　【常规参数】面板

【常规参数】面板如图 7-5 所示。

图 7-5　【常规参数】面板形态

(1) 【灯光类型】选项栏：选择灯光的类型。

- 【启用】：用于灯光的开关控制，如果暂时不需要此灯光的照射，可以先将它关闭。

(2) 【阴影】选项栏：选择阴影的计算方式。

- 【启用】：选中此选项，使灯光产生阴影。【启用】选项下面的下拉列表是阴影类型选择区。

(3) 排除... 按钮：允许指定物体不受灯光的照射影响，单击它可打开一个【排除/包含】对话框，如图 7-6 所示。在此对话框中通过 >> 按钮和 << 按钮可以将场景中的物体加入（或取回）到右侧排除框中，作为排除对象，这样这些对象将不再受到这盏灯光的影响。对于照明和阴影也可以分别进行排除。

无排除

排除地板

图 7-6 【排除/包含】对话框

【强度/颜色/衰减】面板

【强度/颜色/衰减】面板如图 7-7 所示。

- 【倍增】：控制灯光的照射强度，值越大，则光照强度越大，如图 7-8 所示，默认值为 "1.0"。
- 色样：调整灯光的颜色。

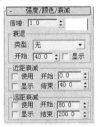

图 7-7 【强度/颜色/衰减】参数面板

【倍增】：0.5

【倍增】：2.0

图 7-8 设置【倍增】值前后的效果比较

(1) 【衰退】选项栏：设置灯光由强变弱的衰减类型，其中包括"无"（这是系统默认的方式）、"倒数"和"平方反比"3 种衰退方式。

- 倒数：灯光的强度与距离成反比关系变化，即灯光强度=1/距离。
- 平方反比：灯光的强度与距离成平方成反比关系变化，即灯光强度=1/距离^2。

(2) 【远距衰减】选项栏：设置灯光从开始衰减到全部消失的区域。

- 【使用】：选中此选项，产生衰减效果，效果如图 7-9 所示。
- 【显示】：该灯光在未被选择的情况下，在视图中仍以线框方式显示衰减范围。
- 【开始】/【结束】：分别设置衰减范围的起始和终止距离，如图 7-10 所示。

图 7-9　设置灯光衰减前后的效果比较

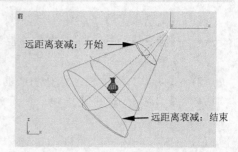

远距离衰减：开始

远距离衰减：结束

图 7-10　灯光的衰减范围

【聚光灯参数】面板

【聚光灯参数】面板如图 7-11 所示。

- 【泛光化】：选中此选项，使聚光灯兼有泛光灯的功能，可以向四面八方投射光线，照亮整个场景，但仍会保留聚光灯的特性，效果如图 7-12 所示。

图 7-11　【聚光灯参数】面板形态

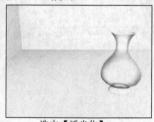

未选中【泛光化】　　　选中【泛光化】

图 7-12　选中【泛光化】前、后效果比较

- 【聚光区/光束】：设置光线完全照射的范围，在此范围内物体受到全部光线的照射，默认值为 "43"。
- 【衰减区/区域】：调节灯光的衰减区域，在此范围外的物体将不受该灯光的影响，与【聚光区/光束】配合使用，可产生光线由强向弱衰减变化的效果，默认值为 "45"。
- 【圆】/【矩形】：设置是产生圆形光束还是矩形光束，默认为圆形，效果如图 7-13 所示。

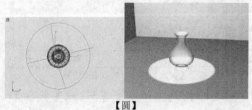

【圆】

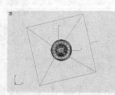

【矩形】

图 7-13　圆形灯和矩形灯效果

- 【纵横比】：设置矩形长宽比例。

（二）　为场景制作阴影

在图 7-14 所示的效果中，花瓶的阴影略显生硬，下面调整产生阴影的方式来改善渲染效果。

【步骤解析】

1. 接上例。选择目标聚光灯的灯光点，单击 按钮进入修改命令面板，在【常规参数】

面板的【阴影】选项栏中的【阴影贴图】下拉列表中选择"区域阴影"选项，渲染透视图，效果如图 7-14 所示。通过观察渲染图，可发现花瓶附近的阴影轮廓清晰，越远离花瓶，阴影越模糊，这与真实世界里的阴影是相吻合的。

图 7-14　【区域阴影】效果

2. 在【阴影参数】面板中单击【贴图】右侧的 　　无　　 按钮，打开【材质/贴图浏览器】对话框，双击【位图】选项，然后选择"Maps\DAISY.tif"贴图，此时渲染透视图，阴影处出现贴图效果，如图 7-15 所示。

3. 在【阴影参数】面板中，取消选中【贴图】选项，暂时不设置阴影贴图。

4. 在【高级效果】面板中，单击【投影贴图】/【贴图】右侧的 　　无　　 按钮，打开【材质/贴图浏览器】对话框，双击【位图】选项，然后选择"Maps\FJ139.jpg"贴图，此时渲染透视图，使灯光投射出图片效果，如图 7-16 所示。

图 7-15　阴影贴图效果　　　　　　　　　　图 7-16　灯光投影效果

5. 选择菜单栏中的【文件】/【另存为】命令，将场景以"07_灯光_ok.max"为名保存。

【知识链接】

在有灯光存在的场景中，各视图还可以转换为灯光视图。在视图标识上单击鼠标右键，在弹出的快捷菜单中选择【视图】/【Spot】（此名称会根据场景中所设灯光不同而有所改变）命令，即可将激活视图转换为灯光视图，其形态如图 7-17 所示，这样可以更加直观地调节灯光的范围及方向。选择灯光视图后，当前视图导航控制区的按钮也都变成了灯光的调节工具按钮，如图 7-18 所示。

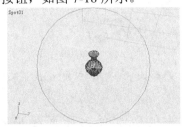

图 7-17　灯光视图形态　　　　　　　　　　图 7-18　灯光的调节工具按钮组

按钮组中主要按钮的功能如下。

- （推拉灯光）按钮：光束的发光点与目标点间的连线称为光轴。此按钮可以在灯光视图内让点光源沿光轴方向移动。
- （灯光聚光区）按钮：在灯光视图内控制聚光范围的大小。
- （灯光衰减区）按钮：在灯光视图内控制衰退范围的大小。
- （侧滚灯光）按钮：调整光源投射光束的转角（以光轴为旋转轴）。它主要是在光束形态为矩形或用聚光灯投影图片时起作用。
- （环游灯光）按钮：调整光束的仰俯角度。

（三） 为场景制作体积光特效

光线穿过带有烟雾或尘埃的空气时，会形成有体积感的光束，根据这一原理，体积光具有能被物体阻挡的特性，形成光芒透射效果。利用【体积光】可以很好地模拟晨光透过玻璃窗的效果，还可以制作探照灯的光束效果等。体积光可以指定给除环境光之外的任何灯光类型，但要表现光芒透过缝隙的效果，只能使用【阴影贴图】阴影。

【步骤解析】

1. 选择菜单栏中的【文件】/【打开】命令，打开 "Scenes\07_灯光_ok.max" 文件。

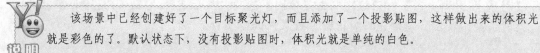 该场景中已经创建好了一个目标聚光灯，而且添加了一个投影贴图，这样做出来的体积光就是彩色的了。默认状态下，没有投影贴图时，体积光就是单纯的白色。

2. 选择目标聚光灯的光源点，单击 按钮进入修改命令面板，将【强度/颜色/衰减】面板中的【倍增】值设为 "2"，在【聚光灯参数】面板中将【聚光区/光束】的值设为 "13"、【衰减区/区域】的值设为 "22"，这样能更好地观察体积光效果。

3. 单击【大气和效果】面板中的 添加 按钮，在弹出的【添加大气或效果】对话框内选择【体积光】选项，然后单击 确定 按钮，位置如图 7-19 所示。此时就为这盏目标聚光灯添加了一个体积光，渲染透视图，效果如图 7-20 所示。

 为了更好地观察体积光效果，可将背景墙（【Plane02】物体）的颜色换成深色。

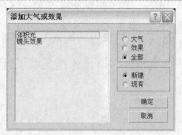

图 7-19 【添加大气或效果】对话框

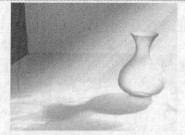

图 7-20 体积光效果

4. 选择菜单栏中的【文件】/【另存为】命令，将场景另存为 "07_体积光.max" 文件。

【知识链接】

在【大气和效果】面板中选择【体积光】选项后，单击此面板最下方的 设置 按钮，可以弹出【环境和效果】对话框，在其中的【体积光参数】面板中可对体积光进行编辑修改，【体积光参数】面板如图 7-21 所示。

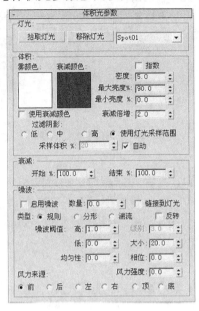

图 7-21 【体积光参数】面板

下面介绍【体积光参数】面板中常用的一些参数。

(1) 【体积】选项栏。

- 【雾颜色】：设置形成灯体积光的雾的颜色。对于体积光，它的最终颜色是由灯光色与雾色共同决定的。
- 【衰减颜色】：在灯光设置衰减后，此色块决定衰减区内雾的颜色。
- 【密度】：设置雾的密度，值越大，体积感越强，内部不透明度越高，光线也越亮，效果如图 7-22 所示。

(2) 【噪波】选项栏。

- 【启用噪波】：控制是否打开噪波影响，选中此项后，【噪波】选项组内的设置才有意义。
- 【数量】：设置噪波强度。值为"0"时，无噪波；值为"0.5"时，为完全噪波效果，如图 7-23 所示。

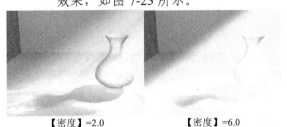

【密度】=2.0　　　　　　　【密度】=6.0

图 7-22 不同的密度值效果比较

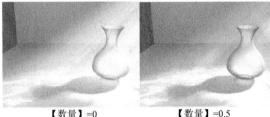

【数量】=0　　　　　　　【数量】=0.5

图 7-23 不同的噪波数量值效果比较

- 【类型】：选择噪波的类型，有【规则】、【分形】、【湍流】和【反转】4 种选项。其中，【反转】选项是将噪波效果反向，使浓厚处与稀薄处交换，其他 3 种形态分别如图 7-24 所示。

| 【规则】 | 【分形】 | 【湍流】 |

图 7-24　不同的噪波类型效果

【知识拓展】

在 3ds Max 9 中有区域阴影、高级光线跟踪、阴影贴图、光线跟踪阴影和 mental ray 阴影贴图 5 种类型的阴影计算方式，每一种类型都有各自的特点和控制面板，下面对几种阴影类型进行比较，其中 mental ray 阴影贴图方式需要配合 mental ray 渲染器使用，mental ray 渲染器将在后面的项目中详细介绍。

区域阴影

利用虚拟灯光产生真实的区域阴影效果，越靠近物体的阴影边缘越清晰，越远离物体的阴影边缘越模糊，如图 7-25 所示。

需要注意的是，虚拟灯光的尺寸要尽量与正常灯光的尺寸相匹配，它的控制面板包括【区域阴影】面板和【优化】面板。

(1)　【区域阴影】面板。

【区域阴影】面板如图 7-26 所示。

图 7-25　【区域阴影】效果

图 7-26　【区域阴影】面板

①　【基本选项】选项栏：选择产生区域阴影的虚拟灯光阵列形式以及阴影计算方式，在其下拉列表中有以下选项。

- 简单：灯光投射单一的光线到物体表面，不进行抗锯齿或区域阴影效果计算。
- 长方形灯光：光线以矩形阵列的方式进行投射。
- 长方体形灯光：光线以长方体的阵列方式进行投射，形态如图 7-27 所示。
- 圆形灯光：光线以圆形的方式进行投射。
- 球形灯光：光线以球体的方式进行投射。

【双面阴影】：选中此选项，在计算阴影时，系统会考虑物体的背面，即外部灯光照不到物体的内部，这样会延长渲染时间效果，如图 7-28 左图所示。取消选中，忽略物体背面，即外部的灯光也可以照亮物体的内部，但可以缩短渲染时间，效果如图 7-28 右图所示。

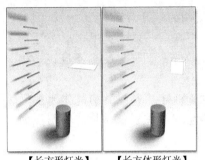

【长方形灯光】 【长方体形灯光】

图 7-27 光线呈矩形和方体投射方式比较

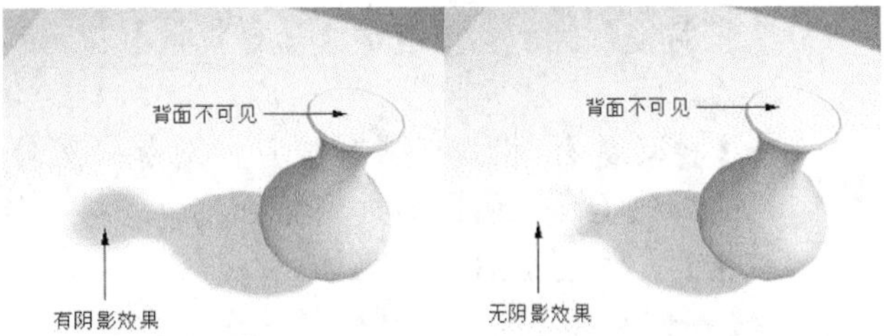

图 7-28 选中【双面阴影】前后的阴影效果比较

② 【抗锯齿选项】选项栏中各参数的含义如下。

* 【阴影完整性】：设置初始投射光束的光线数量。光线数量公式如下。

  1=4 条光线；

  2=5 条光线；

  3 ~ N=N × N 光线。

  如果将【阴影完整性】值设为 "5"，那么将产生 25 条光线，如果半影区域中有大斑点，可尝试增加该设置的值，如图 7-29 所示。

【阴影完整性】=1 　　　　【阴影完整性】=3 　　　　【阴影完整性】=5

图 7-29 不同【阴影完整性】值的阴影效果

* 【阴影质量】：设定投射在半影（柔和区域）区域中的光线总数。这些光线从半影或者阴影的反锯齿边中的每个点被投射，使半影变得光滑。光线的数量公式如下。

  2=5 条光线；

  3 ~ N = N × N；

  如果将【阴影质量】值设为 "5"，表示产生 25 条光线。通常情况下，【阴影质量】值应比【阴影完整性】大。当【阴影完整性】=3 时，不同【阴影质量】值产生的半影效果如图 7-30 所示。

【阴影质量】=1 　　　　　【阴影质量】=3 　　　　　【阴影质量】=7

图 7-30 不同【阴影质量】值产生的半影效果

- 【采样扩散】：以像素为单位，设置抗锯齿边缘模糊的半径。
- 【阴影偏移】：设置被物体阴影遮蔽的点的最小距离。一般情况下，增加【阴影偏移】值，也要增加【采样扩散】值，以防止模糊的阴影影响到不应该影响的表面。
- 【抖动量】：相当于【噪波】，增加光线位置的随机性。光线最初是作为规则的影像出现在阴影的模糊部位，而【抖动量】值会把这些影像转换成不明显的噪波，如图7-31所示。

【抖动量】=1　　　　　　　【抖动量】=5　　　　　　　【抖动量】=10

图7-31　不同【抖动量】值的阴影效果

③ 【区域灯光尺寸】选项栏中参数的含义如下。

- 【长度】/【宽度】/【高度】：设置区域阴影的长度、宽度和高度，用来计算区域阴影的虚拟灯光，不影响实际灯光照射的物体。

(2) 【优化】面板。

此面板专用于【区域阴影】阴影和【高级光线跟踪】阴影方式，如图7-32所示。

- 【启用】：选中此复选框，在渲染透明物体时，系统将会渲染出透明的阴影，并可根据下面的色块调整透明阴影色。若不选中此复选框，所有的透明物体阴影将是黑色的，效果如图7-33所示。

未选中　　　　　　　　　　选中

图7-32　【优化】面板　　　　　　图7-33　选中【启用】前后的阴影比较

　　面板中其余栏内的各选项都是针对抗锯齿优化所设的，默认为选中状态，即进行抗锯齿处理。这样得到的图像会有较高的品质，但也会增加系统负担，延长渲染时间。

🔑 光线跟踪阴影

　　光线跟踪阴影是一种从3ds Max 9早期版本延续下来的阴影方式，生成的阴影边缘极为清晰，阴影效果强烈，但无半影效果且渲染速度非常缓慢。它也可以在透明物体后产生透明的阴影，效果如图7-34所示。

　　光线跟踪阴影有一个专用的【光线跟踪阴影参数】面板，如图7-35所示。

图 7-34 光线跟踪阴影效果

图 7-35 【光线跟踪阴影参数】面板形态

- 【光线偏移】：设置阴影与物体根部的相对位置关系。
- 【双面阴影】：与【区域阴影】面板中的内容相同。
- 【最大四元树深度】：设置光线跟踪深度值，值越大，渲染效果越逼真，但会消耗大量内存，并延长渲染时间。

高级光线跟踪

高级光线跟踪阴影与光线跟踪阴影类似，但可以产生真实的半影效果，它提供更多的阴影控制。其参数控制面板有【高级光线跟踪参数】和【优化】两个面板。这两个面板中的参数设置与区域阴影中的控制参数类似，大多数参数含义也相同，在这里只对不同的参数进行介绍。

高级光线跟踪阴影的【高级光线跟踪参数】面板如图 7-36 所示。

图 7-36 【高级光线跟踪参数】面板

【基本选项】选项栏：用于选择产生区域阴影的方式，其下拉列表中有 3 个选项。

- 简单：灯光投射单一的光线到物体表面，不进行抗锯齿效果计算。
- 单过程抗锯齿：设置灯光照射到物体表面上的第 1 束光线的数量。
- 双过程抗锯齿：设置灯光照射到物体表面上的第 2 束光线的数量，它可以进一步细化阴影的边缘，使投影效果更加细腻。

阴影贴图

这是最常用的一种阴影方式，它的原理是在物体的根部贴一张图，用它来模拟阴影效果，从而产生较真实的边缘虚化的阴影，效果如图 7-37 所示。由于这种阴影效果无须计算就可得到，因此渲染速度非常快，其缺点就是无法很好地表现细节阴影。

阴影贴图效果需要在【阴影贴图参数】面板中进行细致调节，面板如图 7-38 所示。

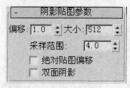

图 7-37　【阴影贴图】阴影效果　　　　　　　　　　　图 7-38　【阴影贴图参数】面板

- 【偏移】：调节阴影与物体之间的距离。值越大，阴影越远离物体，但这会产生一种悬空的感觉，如图 7-39 所示。

　　　　　【偏移】：1　　　　　　　　　　　　　　　　　【偏移】：15

图 7-39　不同偏移值产生的阴影效果

- 【大小】：设置阴影贴图的质量。值越小，产生的阴影就会越粗糙，效果如图 7-40 所示。

　　【大小】：40　　　　　　　　【大小】：100　　　　　　　　【大小】：800

图 7-40　不同【大小】值的阴影效果

- 【采样范围】：设置阴影中边缘区域的柔和程度。值越大，阴影边越虚化，效果如图 7-41 所示，最大值为 "50"。

　　【采样范围】：4　　　　　　　【采样范围】：20　　　　　　　【采样范围】：50

图 7-41　不同【采样范围】值的阴影效果

任务二　摄影机

3ds Max 9 摄影机中有自由摄影机和目标摄影机两种，其参数完全相同，用法也相似。两种摄影机的区别在于自由摄影机没有目标点，常用作移动浏览等用途，而目标摄影机常用于固定视点的静帧画面。

（一）　为室内场景添加摄影机

本任务将以目标摄影机为例，为一间小屋场景设置摄影机，介绍摄影机的使用方法，效果如图 7-42 所示。

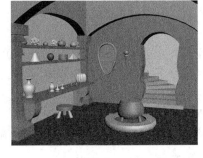

设置前　　　　　　　　　　　　　　　　　设置后

图 7-42　设置摄影机前后的效果比较

【步骤解析】

1. 选择菜单栏中的【文件】/【打开】命令，打开 "Scenes\07_小屋.max" 文件。
2. 单击 🔍 / 📷 按钮，再单击【对象类型】面板中的 ▭ 目标 ▭ 按钮。
3. 在顶视图中从左向右拖曳鼠标创建如图 7-43 所示的摄影机。场景中的白色小立方体图形是目标摄影机的目标点，而像摄像机的图形是目标摄影机的投影点。

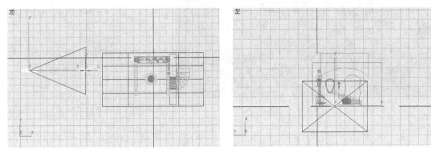

图 7-43　目标摄影机在顶、前视图中的形态

4. 在顶视图中同时选择摄影机的目标点和投影点，若摄影机的 2 个点都处在未选择状态，则可以单击这 2 点之间的连线，一次性选择目标点和投影点。
5. 激活左视图，将摄影机整体沿 y 轴向上移动一段距离，位置如图 7-44 所示。
6. 按键盘上的 C 键，将左视图转换为摄影机【Camera01】视图，并将其转换为【平滑+高光】形态，效果如图 7-45 所示。

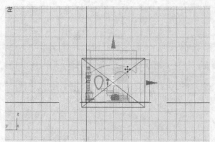

图 7-44 摄影机在左视图中调整后的位置

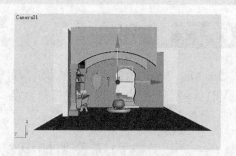

图 7-45 摄影机视图形态

> 在设置摄影机时，可以先在任一正交视图中的任何位置创建一个目标点摄影机，再激活透视图，调整好透视图的视角，利用 Ctrl+C 组合键将透视图与摄影机进行适配，即将透视图的显示状态转换为摄影机视角。

7. 在顶视图中将摄影机向右移动一段距离，可以看到【Camera01】视图随之发生变化，可以单独移动投影点或目标点来改变摄影机的取景和构图，也可以通过界面中右下方的视图控制区按钮组来直接调节【Camera01】视图，分别使用 🔄、🖐 和 🖑 按钮功能，调节【Camera01】视图至图 7-46 所示的状态。

8. 选择菜单栏中的【文件】/【另存为】命令，将场景另存为 "07_摄影机_ok.max" 文件。

【知识链接】

目标摄影机的【参数】面板如图 7-47 所示，常用参数说明如下。

图 7-46 调整后的摄影机画面

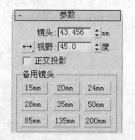

图 7-47 目标摄影机的【参数】

- 【镜头】：设置摄影机的焦距长度。根据镜头的焦距不同，镜头大致分为标准镜头、长焦镜头和广角镜头 3 种，下面分别介绍。

   标准镜头：这类镜头的焦距大约为 48mm，最接近人的正常视觉。在 3ds Max 9 中，默认的摄影机镜头为 43.456mm，这是一种非常接近人眼的焦距。

   长焦镜头：这类镜头的焦距大约在 85mm 以上，镜头越大，画面的透视效果越接近轴侧图。3ds Max 9 中的【用户】视图可以理解成焦距为无穷大的镜头视图。这种镜头视野狭窄，只有通过增大视距才能看到建筑物的全貌，在制作鸟瞰灯的效果图时，这种镜头很适用。

广角镜头：这类镜头的焦距大约在 35mm 以下，镜头越小，鱼眼透视效果越明显，因此会产生很大的透视失真，地平线明显隆起，直线会产生桶形变形，整个画面趋于圆形，中心凸起，边缘紧缩。除非想利用这种不寻常的透视效果，来产生富有奇幻效果的画面，否则应尽量避免透视失真现象的出现。

- 【视野】：定义了摄影机在场景中所看到的区域，即摄影机的视角，其单位是"度"。视角与镜头是两个互相依存的参数，两者保持一定的换算关系，无论调节哪个参数，得到的效果都完全一致。

【镜头】与【视野】所指位置如图 7-48 所示。

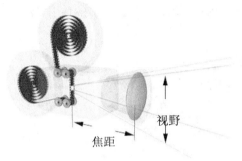

图 7-48　镜头与视角的位置

- 【备用镜头】：提供了 9 种常用镜头，以方便用户快速选择。

【知识拓展】

在激活摄影机视图的同时，视图控制区内的按钮也发生了变化，形态如图 7-49 所示。

图 7-49　视图控制区中的按钮组

- （推拉摄影机）：保持目标点与投影点连线方向不变，并在此线上移动投影点。

- （推拉目标）：保持目标点与投影点连线方向不变，并在此线上移动目标点。

- （推拉摄影机+目标）：保持摄影机本身的形态不变，沿视线方向同时移动摄影机的投影点和目标点。

- （透视）：以推拉出发点的方式来改变摄像机的【视野】值，配合 Ctrl 键可以增加变化的幅度。

- （侧滚摄影机）：旋转摄影机的角度。

- （视野）：固定摄像机的目标点与投影点，通过改变视野取景的大小来改变【视野】值，这种调节方法比 速度更快。

- （平移摄像机）：在平行视窗的方向上平移摄像机的目标点与投影点，配合

$\boxed{\text{Ctrl}}$ 键可以加快平移变化，配合 $\boxed{\text{Shift}}$ 键可以锁定在垂直或水平方向上平移。

- （摇移摄影机）：固定摄影机的投影点，旋转目标点进行观测。
- （环游摄影机）：固定摄影机的目标点，使投影点围绕目标点旋转。

（二） 为场景制作景深特效

3ds Max 9 中的摄影机可以产生景深特效，景深特效是运用多通道渲染效果生成的。所谓多通道渲染效果，是指多次渲染相同帧，每次渲染都有细小的差别，最终合成一幅图像。这种方法模拟了电影特定环境中的摄影机记录方法。

本任务将以 6 个圆锥体的场景为例，介绍该功能的使用方法，效果如图 7-50 所示。

图 7-50　景深效果

【步骤解析】

1. 选择菜单栏中的【文件】/【打开】命令，打开 "Scenes\07_景深.max" 文件。这个文件中有 6 个圆锥体，摄影机视图的渲染效果如图 7-50 左图所示。

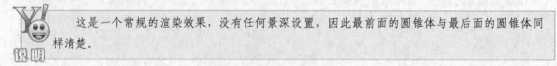
　　这是一个常规的渲染效果，没有任何景深设置，因此最前面的圆锥体与最后面的圆锥体同样清楚。

2. 在左视图中选择摄影机，并把摄影机的目标点设在第一个圆锥体上，位置如图 7-51 所示。

3. 选择摄影机投影点，单击 按钮进入修改命令面板，在摄影机的【参数】面板中，选中【多过程效果】选项栏中的【启用】复选框，参数设置如图 7-52 所示。

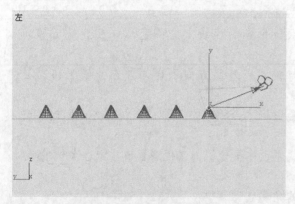

图 7-51　摄影机左视图的渲染效果　　　　　　图 7-52　【启用】选项设置

4. 激活摄影机视图，单击【多过程效果】选项栏中的 预览 按钮，摄影机视图发生轻微抖动。停止抖动后，就出现了景深预览效果。图 7-53 所示的左图为预览前的摄影机视图，右图为预览后的摄影机视图效果。

图 7-53　摄影机视图预览前后的效果比较

5. 单击工具栏中的 按钮，渲染摄影机视图，效果如图 7-54 所示。

图 7-54　摄影机视图的渲染效果

> 在渲染过程中，图像是由暗变亮逐渐显示出来的。观察此渲染视图，已经出现了景深效果。最前面的圆锥体仍然很清楚，但到最后一个圆锥体之间产生了渐进模糊效果，这是因为摄影机的目标点正好落在最前面的圆锥体上。

6. 将摄影机目标点移到最后一个圆锥体上，其在左视图中的形态如图 7-55 左图所示。

7. 单击工具栏中的 按钮，再次渲染摄影机视图，效果如图 7-55 右图所示。

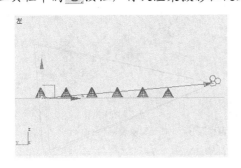 

图 7-55　摄影机左视图中目标点的位置及渲染效果

观察此渲染视图，景深效果发生了变化。最后面的圆锥体变得很清楚，而到最前面的圆锥体之间产生了渐进模糊效果。这说明摄影机的目标点所在处最清楚，其余地方会产生渐进模糊。

8. 选择菜单栏中的【文件】/【另存为】选项，将场景另存为 "07_景深_ok.max" 文件。

> 在调整摄影机目标点的位置时，还可以利用【多过程效果】/【目标距离】的值来进行调整，它的参数在调节过程中可以被记录成动画，通过摄影机的目标点的变化可达到突出图像焦点的目的。

【知识链接】

对摄影机景深效果的编辑修改是在【景深参数】面板中进行的，【景深参数】面板如图 7-56 所示。下面就针对【采样】选项栏中的几个常用参数进行说明。

- 【过程总数】：决定景深模糊的层次，也就是渲染景深模糊时的图像渲染次数。将它设置为 "2"，渲染上例中的摄影机视图，效果如图 7-57 所示。

图 7-56　【景深参数】面板　　　　　　　　图 7-57　【过程总数】参数为 "2" 时的效果

- 【采样半径】：此参数决定模糊的偏移大小，即模糊程度，效果如图 7-58 所示。

【采样半径】=1　　　　　　　　　　　　【采样半径】=5

图 7-58　不同的模糊程度渲染效果

- 【采样偏移】：在取样半径一定的条件下，增加此值可加强模糊效果。图 7-59 所示为【采样半径】值为 "5" 时，不同【采样偏移】值产生的模糊效果比较。

【采样偏移】：0.1　　　　　　　　　　　【采样偏移】：1.0

图 7-59　不同【采样偏移】值产生的模糊效果

任务三　环境及其特效

3ds Max 9 主要提供了 3 种类型的环境特效：雾效、体积光和火焰。体积光在前面的任务中已经介绍过，下面就来介绍雾效和火焰特效。

（一）　为场景添加雾效及环境背景

雾效是制造三维场景真实气氛的一种重要手段。在 3ds Max 9 的三维空间中，是不可能有微粒尘埃的，为了表现出真实的效果，就要为场景增加一定的雾效，通过增大场景的不透明度，产生雾茫茫的大气效果。

下面就利用一个雕塑的三维场景来介绍雾效的制作方法，其效果如图 7-60 所示。

图 7-60　不带雾效和带背景的雾效比较

【步骤解析】

1. 选择菜单栏中的【文件】/【打开】命令，打开 "Scenes\03_对齐_ok.max" 文件。

2. 选择菜单栏中的【渲染】/【环境】命令，打开【环境和效果】对话框，单击【大气】面板中的 添加... 按钮，在弹出的【添加大气效果】对话框中选择【雾】选项，如图 7-61 所示。

3. 单击 确定 按钮，关闭【添加大气效果】对话框，在其下的【雾参数】面板中修改各参数的设置，如图 7-62 所示。

图 7-61　【添加大气效果】对话框　　　　　图 7-62　【雾参数】面板中的参数设置

4. 渲染透视图，效果如图 7-63 所示。

图 7-63　透视图的渲染效果

将物体在前视图中适当向下移动一段距离，这样可以更好地观察到层雾效果。

5. 在【环境和效果】对话框的【环境】选项卡中，单击【公共参数】面板中【环境贴图】选项组中的 <u>无</u> 按钮，在弹出的【材质/贴图浏览器】对话框中选择【位图】选项，然后单击 确定 按钮，如图 7-64 左图所示。

6. 在弹出的【选择位图图像文件】对话框中选择"3ds Max 9\maps\Backgrounds\LAKE_MT.JPG"图像文件，如图 7-64 右图所示，单击 打开⑩ 按钮，为场景添加背景。

图 7-64 【材质/贴图浏览器】及【选择位图图像文件】对话框

7. 关闭【环境和效果】对话框。渲染透视图，白雾笼罩的场景中出现了一幅山水风光的画面，效果如图 7-60 右图所示。

8. 选择菜单栏中的【文件】/【另存为】命令，将场景另存为"07_雾效.max"文件。

【知识链接】

在【雾参数】面板中，几个常用参数的说明如下。

- 【标准】：设置标准类型的雾，如图 7-65 左图所示。
- 【分层】：设置层状雾，如图 7-65 右图所示。

【标准】类型　　　　　　　　　　　　　　　　　　【分层】类型

图 7-65 【标准】类型的雾和【分层】类型的雾的比较

- 【分层】/【顶】：设置雾层的上限。
- 【分层】/【底】：设置雾层的下限。
- 【地平线噪波】：影响雾层的地平线，增加真实感。
- 【大小】：设置噪波的缩放系数，值越大，雾卷越大。
- 【角度】：确定雾与地平线的角度。如果角度设置为"5"，从地平线以下 5° 开始，雾开始散开。

（二）　利用火焰特效制作火把和烛火

在影视作品中经常会看到有燃烧的场面，或在爆炸后产生一大团火球，这些效果都可以用 3ds Max 9 提供的燃烧模块来创建。

下面就通过创建烛火效果，来介绍火焰特效的制作方法，效果如图 7-66 所示。

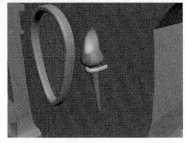

图 7-66　火焰效果

【步骤解析】

1. 选择菜单栏中的【文件】/【打开】命令，打开"Scenes\07_摄影机_ok.max"文件。
2. 进入 命令面板，选中【按类别隐藏】/【摄影机】选项，将场景中的摄影机隐藏起来，以防止发生误操作影响原始构图。
3. 在【Camera01】视图中，选中墙上的火把物体。激活透视图将该物体最大化显示，如图 7-67 左图所示。
4. 单击创建命令面板中的 按钮，在其 标准 ▼ 下拉列表中选择 大气装置 ▼ 选项。在【对象类型】面板中单击 球体 Gizmo 按钮，在顶视图中拖动鼠标生成一个圆柱体框，这就是火焰的【Gizmo】线框。然后，利用【对齐】工具，将该线框与透视图中火把物体中心对齐。再利用【移动】工具，将其移动至火把开口处，设置【半球参数】，【半径】设为"10"。利用缩放工具，沿着 z 轴向上放大，使其成为椭圆形火苗状，形态如图 7-67 右图所示。

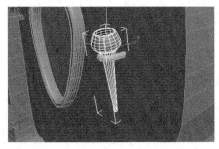
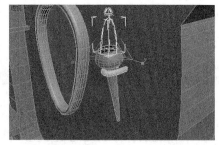

图 7-67　火把物体及大气装置线框位置

【知识链接】

火焰可通过【Gizmo】线框来确定形态，共有 3 种套框可以选择。

- 球体 Gizmo ：属于虚拟物体类，可辅助生成球型火焰。
- 圆柱体 Gizmo ：属于虚拟物体类，可辅助生成柱型火焰。
- 长方体 Gizmo ：属于虚拟物体类，可辅助生成方型火焰。

5. 单击 ⊘ 按钮进入修改命令面板，在最底部的【大气和效果】面板中单击 添加 按钮，在弹出的【添加大气】对话框中选择【火效果】选项，然后再单击 确定 按钮。

6. 单击 ⊙ 按钮，渲染透视图，可以看到火把上方有一点火焰效果了，关闭渲染窗口。

7. 单击修改命令面板中的【火效果】选项，再单击下方的 设置 按钮。打开【环境和效果】对话框，将指针放在该对话框中，按住鼠标左键，向上推动面板，将【火效果参数】面板显示出来，参数设置如图 7-68 所示。单击 ⊙ 按钮，渲染透视图，效果如图 7-66 左图所示。

8. 利用相同方法，制作桌子上的烛火。再创建 2 个球体套框，放置到桌面的蜡烛上方，分别为其添加火效果，增大火焰密度值，并修改【火焰类型】为【火舌】，渲染效果如图 7-66 右图所示。

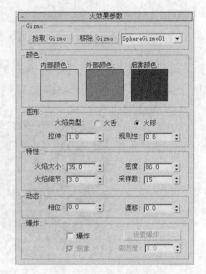

图 7-68　【火效果参数】面板

9. 选择菜单栏中的【文件】/【另存为】命令，将场景另存为 "07_火焰.max" 文件。

【知识链接】

选择菜单栏中的【渲染】/【环境】命令，在弹出的【环境和效果】对话框中选择【大气】面板中的【火效果】选项后，会打开【火效果参数】面板，如图 7-68 所示。在此面板中可以调节火焰效果的参数设置。

该面板中的常用参数含义如下。

- 【内部颜色】/【外部颜色】/【烟雾颜色】：分别用来设置火焰焰心的颜色、火苗外围的颜色和烟雾的颜色。
- 【规则性】：设置火焰在线框内部填充的情况，值域是 "0" ~ "1"。
- 【密度】：设置火焰不透明度和光亮度，值越小，火焰越稀薄、越透明。
- 【相位】：控制火焰变化的速度，通过它进行动画制作，可以产生动态的火焰效果。

实训一　制作室内彩色灯光效果

要求：利用标准灯光为室内场景添加彩色布光效果，如图 7-69 所示。通常灯光和材质的设定是交织在一起的，一般是先设定基础材质，然后布光，之后再调节复杂的材质，最后微调灯光。

图 7-69　室内场景彩色灯光效果

【步骤解析】

1. 选择菜单栏中的【文件】/【打开】命令，打开"Scenes\07_火焰.max"场景文件，场景中使用的是默认灯光。场景中还没有指定材质，所以为了得到相对准确的光感，首先将所有物体的颜色调成统一的灰度效果。

2. 全选所有物体，打开【对象颜色】对话框，选中【自定义颜色】栏中的任意一个灰色块。将物体默认色改成统一的灰色调，如图 7-70 所示。这样，整个场景亮度就统一了。

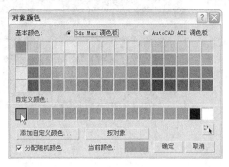

图 7-70　统一成灰色

3. 首先来添加火把和烛光的灯光效果。单击 ![icon] / ![icon] / 泛光灯 按钮，在顶视图中单击鼠标左键，创建一盏泛光灯，将其移动至火把上的火焰附近，将灯光改为橘红色。其他各参数设置及灯光效果如图 7-71 所示。

图 7-71　火把位置的泛光灯参数设置及效果

4. 利用相同方法，为蜡烛添加泛光灯。可以添加 1 盏，也可以添加 2 盏灯，强度与衰减值如图 7-72 所示。其他参数与上一盏泛光灯相同。

图 7-72　蜡烛位置的泛光灯参数设置及效果

5.　利用相同方法，为屋子中间的火炉添加泛光灯，强度与衰减值如图 7-73 所示。其他参数与步骤 3 中的泛光灯相同。

图 7-73　火炉下灯光效果

6.　单击 　/　 / 目标聚光灯 按钮，为场景添加 1 盏目标聚光灯，位置如图 7-74 所示。

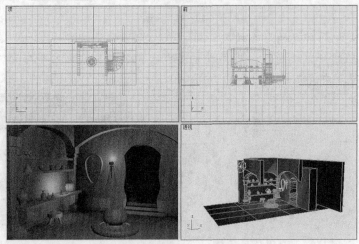

图 7-74　聚光灯的位置

7.　灯光色为"R:94、G:249、B:255"的青色，其他参数设置及效果如图 7-75 所示。

图 7-75 目标聚光灯参数设置和效果

8. 再为门后的楼梯位置创建一盏聚光灯，位置如图 7-76 所示，参数设置如图 7-77 所示，最终的渲染效果如图 7-69 所示。

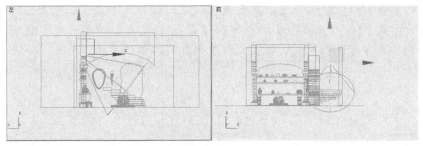

图 7-76 楼梯处的聚光灯

图 7-77 楼梯出聚光灯参数

9. 选择菜单栏中的【文件】/【另存为】命令，将场景另存为"07_彩色灯光.max"文件。

实训二　制作阳光投射的室内光效果

要求：利用标准灯光为室内场景布光，效果如图 7-78 所示。

布光前　　　　　　　　　　　　　　布光后

图 7-78 室内场景灯光效果

【步骤解析】

1. 选择菜单栏中的【文件】/【打开】命令，打开 "Scenes\07_室内布光.max" 场景文件，摄影机视图的渲染效果如图 7-78 左图所示。

> 有时渲染摄影机视图不会出现窗户的玻璃效果，这是因为在制作窗户时，其自动与墙体进行布尔运算，有时软件程序会出现计算错误。这时可选择墙体，在视图中单击鼠标右键，在弹出的快捷菜单栏中选择【转换为】/【转换为可编辑多边形】选项，将其转换为可编辑多边形物体，这样窗户物体就会固化在墙体上了。

2. 单击 / / 目标平行光 按钮，在前视图中按住鼠标左键，由右至左创建一个目标平行光灯，作为日照光。

3. 在【常规参数】面板中选中【启用】选项，在阴影计算方式下拉列表中选择 "光线跟踪阴影" 方式。【平行光参数】面板中的【聚光区/光束】和【衰减区/区域】中的数值如图 7-79 左图所示，此时灯光位置及形态如图 7-79 右图所示。

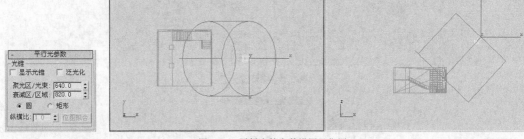

图 7-79 平行光的参数设置及位置

> 此时，在渲染摄影机视图中，天花板好像是空的一样，无法生成阴影，如图 7-80 左图所示。这是因为天花板是用平面物体做成的，3ds Max 9 自动认为其背面是不可见状态。

4. 选择目标平行光灯的光源点，在【光线跟踪阴影参数】面板中选中【双面阴影】选项，使灯光在计算阴影时自动计算物体的背面，此时摄影机视图中的阴影效果如图 7-80 右图所示。

图 7-80 摄影机视图中的阴影效果

5. 单击 目标聚光灯 按钮，在前视图中由上至下创建一盏目标聚光灯，用它来照亮房间和地面。

6. 在【强度/颜色/衰减】面板中将【倍增】值设为 "0.7"，修改【聚光灯参数】面板中的【聚光区/光束】值为 "70"、【衰减区/区域】中的数值为 "110"，灯光位置及形态如图 7-81 所示。

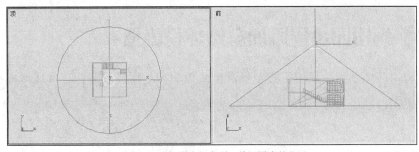

图 7-81 目标聚光灯在顶、前视图中的位置

7. 渲染摄影机视图，效果如图 7-82 所示。

图 7-82 摄影机视图的渲染效果

8. 单击 目标聚光灯 按钮，在前视图中从下至上创建一盏目标聚光灯，照亮天花板。在【强度/颜色/衰减】面板中将【倍增】值设为 "0.5"，目标聚光灯在顶、前视图中的位置如图 7-83 左图、中图所示，摄影机视图的渲染效果如图 7-83 右图所示。

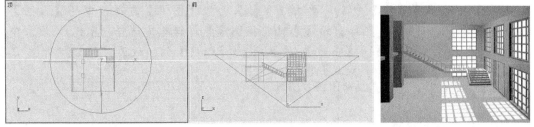

图 7-83 目标聚光灯的位置及灯光效果

9. 单击 ⟍ / ⟍ / 泛光灯 按钮，在顶视图中创建 2 盏泛光灯为墙壁补光，其参数设置如图 7-84 所示。

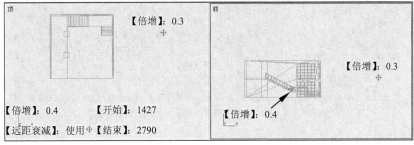

图 7-84 2 盏泛光灯在顶视图和前视图中的位置及参数设置

10. 渲染摄影机视图，效果如图 7-78 右图所示。

11. 选择菜单栏中的【文件】/【另存为】命令，将此场景另存为 "07_室内布光_ok.max" 文件。

实训三 为田园小屋添加自然环境模拟

要求：利用环境贴图、环境雾效及景深特效为田园小屋场景制作自然环境模拟，效果如图 7-85 右图所示。

图 7-85 添加自然环境前后的效果比较

【步骤解析】

1. 选择菜单栏中的【文件】/【打开】命令，打开 "Scenes\07_自然环境.max" 文件。这是在前面所做的田园小屋场景的基础增添了一个子材质的地面。
2. 首先制作起伏的地表。选择平面物体，单击 按钮进入修改命令面板，在【修改器列表】中选择【置换】命令，单击【参数】面板【图像】选项组中的【位图】/ ▭▭▭无▭▭▭ 按钮，在弹出的【选择转换图像】对话框中选择 "Maps" 目录中的 "disp2.jpg" 文件，再将【参数】/【置换】/【强度】的值设为 "500"，如图 7-86 左图所示，渲染透视图，效果如图 7-86 右图所示。

图 7-86 【参数】面板中的参数设置及透视图的渲染效果

【知识链接】

- 【置换】：用于将一个图像映射到三维物体表面。该工具根据图像的灰度值，对三维物体表面产生凹凸影响，即白色的部分凸起，黑色的部分凹陷。此工具对图像的要求较高，而且只对图像的灰度信息进行计算。
- 【强度】：设置贴图置换对物体表面影响的强度，值越大，效果越强烈。

3. 激活透视图，利用快捷键 Ctrl+C ，将透视图转换为摄影机视图，进入修改命令面板，并在【参数】面板中将【参数】/【镜头】值设为"35"。

4. 再利用视图控制区中的 和 按钮将摄影机视图调整为图 7-87 所示的形态。

图 7-87 相机在左视图中的位置及摄影机视图形态

5. 下面为场景添加背景。选择菜单栏中的【渲染】/【环境】命令，在弹出的【环境和效果】对话框中单击【背景】选项栏中的【环境贴图】选项的 无 按钮，在弹出的【材质/贴图浏览器】对话框中选择【位图】选项，再单击 确定 按钮。

6. 在弹出的【选择位图图像文件】对话框中选择"Maps\Bmountains.jpg"文件，这是一幅远山的图片，单击 打开(O) 按钮。此时，在【环境和效果】对话框中的【公用参数】面板内的 无 按钮上就出现该图片的名字。

7. 选择菜单栏中的【视图】/【视口背景】选项，在弹出的【视口背景】对话框中将各项设置成如图 7-88 左图所示的状态。单击 确定 按钮，此时在摄影机视图中就显示出背景图案，如图 7-88 右图所示。

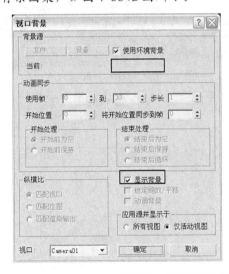

图 7-88 【视口背景】对话框及背景在摄影机视图中的效果

8. 此时摄影机视图中的背景过于向下，显示不出远山，需要进行再调整。单击 按钮打开【材质编辑器】对话框，按住鼠标左键将背景图案拖到一个未编辑过的示例球中，如图 7-89 所示，以【实例】方式进行复制。

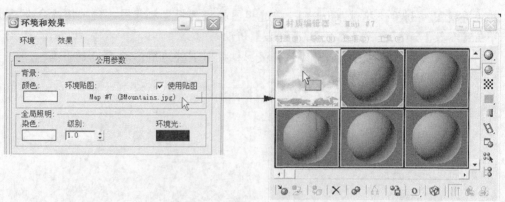

图 7-89　将背景图案复制到【材质编辑器】对话框中

9. 在【坐标】参数面板中，修改各参数设置，如图 7-90 所示。

> 此时，摄影机视图中，背景出现远山图案，注意背景图案的地平线位置应与摄影机视图中的黑色地平线尽量吻合，效果如图 7-91 所示。

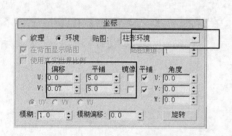

图 7-90　【坐标】面板中的参数设置

图 7-91　背景在摄影机视图中的效果

10. 下面为场景设置灯光效果。单击 　/ 　/ 目标平行光 按钮，在前视图中创建一个目标平行光，其参数设置和位置如图 7-92 所示。

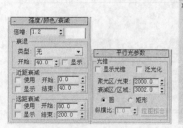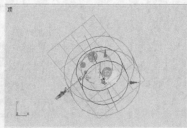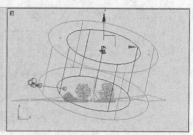

图 7-92　目标平行光的参数设置及位置

11. 单击 　泛光灯　 按钮，在顶视图中创建一盏泛光灯，其【倍增】值为"0.5"，位置如图 7-93 所示，摄影机视图的渲染效果如图 7-94 所示。

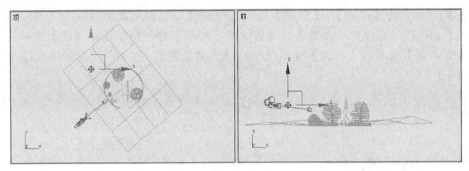

图 7-93 泛光灯在顶、前视图中的位置

图 7-94 摄影机视图的渲染效果

12. 下面为小屋制作景深效果。选择摄影机投影点，参数面板中的各项参数设置如图 7-95 所示。

13. 渲染摄影机视图，出现近处清楚、远处模糊的景深效果，如图 7-96 所示。

图 7-95 景深参数设置

图 7-96 景深效果

14. 下面为场景添加雾效。确认摄影机投影点仍为被选择状态，选中【参数】面板的【环境范围】选项栏中的【显示】选项，然后将【近距范围】值设为"5 000"，将【远距范围】值设为"7 000"。

15. 单击菜单栏中的【渲染】/【环境】选项，打开【环境和效果】对话框，单击【大气】面板中的 添加... 按钮，在弹出的【添加大气效果】对话框中选择【雾】选项。

16. 将【雾参数】面板的【标准】选项栏中的【远端】值设为 "60"，渲染效果如图 7-85 右图所示。

17. 选择菜单栏中的【文件】/【另存为】命令，将场景另存为 "07_自然环境_ok.max" 文件。

 项目小结

本项目重点介绍了灯光、摄影机、环境特效的创建及使用方法。这部分内容比较抽象，无法直接在视图中实时地观看最终效果，每次调节参数后都需要经过渲染才能看到效果的变化，所以在制作这类场景时需要耐心地调节各参数。

在三维场景中，灯光效果是至关重要的。在没有灯光的情况下，场景一片漆黑，所以 3ds Max 为场景设置了默认灯光。在制作复杂场景时，这种默认灯光的效果是无法满足制作要求的，所以通常都需要为场景重新布光。灯光的作用不仅仅是为了照亮场景，更多的是为了起到烘托气氛的作用。针对不同的场景要制作不同的布光方案，并且需要反复地调节才能达到满意的效果。

摄影机代表一种镜头语言，它更多的是叙述故事，而不是简单地显示场景，所以镜头的取景与构图是一个需要仔细斟酌的工作，需要经常练习才能找到好的镜头感觉。

环境特效对场景气氛的烘托作用十分明显，漫天的大雾会使场景显得神秘，而熊熊的火焰会使场景显得十分温暖而热烈，合理地利用这些环境特效将会使三维场景更加生动。

 思考与练习

1. 利用【体积光】制作如图 7-97 所示的效果。
2. 制作如图 7-98 所示的火焰效果。

图 7-97　体积光效果

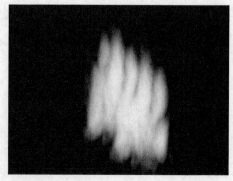

图 7-98　火焰效果

项目八

3ds Max 9 的材质应用

3ds Max 9 材质系统的结构非常复杂，其中不同的贴图方式和面板可以分层分级地进行组合，最后构成一个树状结构的贴图材质。通过这种组合可以实现极其完美的材质效果，从而做出逼真的三维场景。纹理是附着在材质之上的，比如生锈的钢板、满是尘土的衣服、磨光的大理石等。纹理不但要有丰富的视觉感受和对材质质感的体现，而且还要对材质的破损和图案进行加工。对于初学者来说，应当先理解贴图与材质之间的区别及联系。

- 贴图纹理：织物的螺纹或其他物质元素组合排列的形式，并让人有通过触摸产生的质感。
- 材质：是指某个表面的最基础的材料，比如木质、金属或者玻璃都是材质。

学习目标

了解基础材质的基本使用方法。
掌握贴图技术及 UVW 贴图坐标的修改方法。
掌握漫反射颜色、线框材质的使用方法。
掌握凹凸贴图通道和自发光贴图通道的使用方法。
掌握【多维/子对象】材质的调节方法。

任务一 材质编辑器使用训练

通过单击菜单栏中的 按钮（快捷方式为键盘上的 M 键）可开/关【材质编辑器】对话框，所有材质的调节工作都在此对话框中完成。

本任务将介绍基本材质的调节方法。

【步骤解析】

1. 重新设定软件系统。单击 / / 四棱锥 按钮，在透视图中创建 1 个长、宽、高的值均为 "60" 的四棱锥，并设置各分段值均为 "5"。

2. 单击 按钮，打开【材质编辑器】对话框，选择 1 个示例球，单击【Blinn 基本参数】面板中的【漫反射：漫反射颜色】选项的色块，在弹出的【颜色选择器】对话框中将颜色改为红色，如图 8-1 所示，单击 关闭 按钮，此时示例球的颜色也变为红色。

3. 在【Blinn 基本参数】面板中，将【反射高光】选项栏中的【高光级别】值设为 "70"，增加高光区的高度；将【光泽度】值设为 "35"，缩小高光区的尺寸，此时示例球的表面产生明显的高光亮点。

4. 单击【材质编辑器】对话框工具栏中的 按钮，将此材质赋予四棱锥物体。这时，如果再调整示例球的颜色，四棱锥的颜色将随之同步改变，此时示例球形态如图8-2所示。

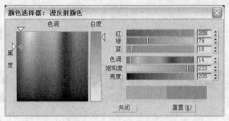

图8-1 【颜色选择器：漫反射颜色】对话框

图8-2 同步材质的状态

5. 在【Blinn 基本参数】面板中，将【自发光】选项栏中的【颜色】值分别设置为"50"和"100"，观看自发光效果，如图8-3所示。

【颜色】值为"0" 　　　【颜色】值为"50" 　　　【颜色】值为"100"

图8-3 不同【颜色】值的自发光效果

> 如果选中【颜色】选项，可从其右侧的颜色块中选择材质的自发光色。取消选中此项时，材质使用其【漫反射】色作为自发光色，此时色块就变为数值输入状态，值为"0"时，材质无自发光，值为"100"时，材质有自发光。

6. 在【Blinn 基本参数】面板中，将【自发光】选项栏中的【颜色】值再改回"0"，使其不发光，然后将【不透明度】值分别设为"20"和"70"，观看四棱锥的透明效果。如图8-4所示。

7. 在【Blinn基本参数】面板中，将【不透明度】值改为"100"，使四棱锥不透明。

8. 选中【明暗器基本参数】面板中的【线框】复选框，此时透视图中的四棱锥为线框方式，如图8-5左图所示。

9. 选中【双面】选项，四棱锥背面的线框也显示出来，如图8-5右图所示。在制作透视材质时也常使用此选项。

【不透明度】值为"20" 　　　【不透明度】值为"70"

图8-4 不同【不透明度】的渲染效果 　　　图8-5 四棱锥的线框方式及双面方式

【知识链接】

【明暗器基本参数】面板如图8-6所示。

图8-6　【明暗器基本参数】面板

在此面板中可以指定各向异性、Blinn、金属、多层、Oren-Nayar-Blinn、Phong、Strauss 和半透明明暗器 8 种不同的材质渲染属性，由它们确定材质的基本性质。其中，Blinn、金属和各向异性是最常用的材质渲染属性。

- Blinn：以光滑的方式进行表面渲染，主要用于表现冷色、坚硬的材质。
- 金属：专用于金属材质的制作，可以提供金属的强烈反光效果。
- 各向异性：适用于椭圆形表面，适用于毛发、玻璃或磨沙金属模型的高光设置。

以上 3 种材质渲染属性的高光效果如图 8-7 所示。

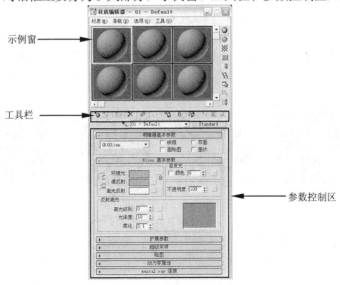

【Blinn】　　　　　【金属】　　　　　【各项异性】

图8-7　几种材质渲染属性的高光效果

【知识拓展】

【材质编辑器】对话框主要分为 3 大部分：示例窗、工具栏和参数控制区，如图 8-8 所示。

图8-8　【材质编辑器】对话框

示例窗

示例窗用于显示材质的调节效果。当一个材质指定给场景中的一个物体后，它便成了同步材质，特征是示例球外框 4 个角有三角形的标志，如图 8-9 左图和中图所示。对同步材质进行编辑操作时，场景中的物体也会随之发生变化，不需要进行重新指定。场景中的物体被选择后，标志就变为实体三角形，如图 8-9 左图所示。如果物体不被选择，标志就是一个镂空的三角形，如图 8-9 中图所示。

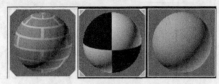

同步材质　　同步材质　　非同步材质

图8-9　示例球的形态

工具栏

围绕示例窗的纵横两排的工具栏是用来进行各种材质的控制的。纵排工具针对的是示例窗中的显示效果，横排工具用来为材质指定保存和层级跳跃。这里对常用按钮的功能说明如下。

- （采样类型）按钮：用于控制示例球的形态，单击此按钮并按住鼠标左键，可显示出隐藏的　和　按钮，它们可将示例球的形态分别显示为圆柱体和长方体。

- （背景）按钮：为示例窗增加一个彩色的方格背景，主要用于对透明材质贴图效果的调节，如图 8-10 所示。

设置背景　　无背景

图8-10　示例窗背景

- （采样 UV 平铺）按钮：用来测试贴图重复的效果，只改变示例窗中的显示，并不对实际的贴图产生影响，其中包括　、　、　、　4 个重复级别，效果如图 8-11 所示。

图8-11　不同的重复级别展示的不同效果

- （将材质指定给选择对象）按钮：将当前激活示例窗中的材质指定给当前选择的物体，同时此材质会变为一个同步材质。

- （重置贴图/材质为默认设置）按钮：对当前示例窗中的编辑项目进行重新设定。

- （在视口中显示贴图）按钮：单击此按钮，可在场景中显示出此材质的贴图效果，但它只能打开一个层级的贴图显示，如果是一个多贴图的材质，在开启一个贴图的即时显示时，也就同时关闭了其他的即时显示。

- （转到父对象）按钮：向上移动一个材质层级，这只对次级材质层级有效。

- Standard （标准）按钮：单击此按钮，可打开【材质/贴图浏览器】对话框，从中选择各种材质或贴图类型。

参数控制区

材质编辑器的下半部分是它的参数控制区，根据材质类型的不同以及贴图类型的不同，其内容也不同，比较常用的有【明暗器基本参数】面板、【Blinn 基本参数】面板和【贴图】参数面板。

(1) 【Blinn 基本参数】面板。

这个面板不是一成不变的，随着明暗方式区域中的选项不同，该参数面板中的内容也有所不同，但是大部分的参数都是相同的。下面就以【Blinn】明暗法为例，介绍其基本参数面板中各参数的含义。

【Blinn 基本参数】面板形态如图 8-12 所示。

- 【环境光】：控制物体表面阴影区的颜色。

- 【漫反射】：控制物体表面漫反射区的颜色。

- 【高光反射】：控制物体表面高光区的颜色。

以上 3 个色彩分别指物体表面的 3 个区域，区域划分如图 8-13 所示。

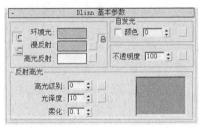

图8-12 【Blinn 基本参数】面板形态

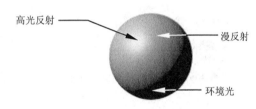

图8-13 物体表面的区域划分

- 【反射高光】选项栏：设置材质的反光强度和反光度。

  【高光级别】：设置高光的影响级别，默认值为"0"。

  【光泽度】：设置高光影响的尺寸大小，值越大，高光越小越细，默认值为"10"。

  【柔化】：对高光区的反光进行柔化处理，使它变得模糊、柔和。

(2) 【贴图】面板。

在标准材质中，可以设置多种贴图方式，它们在物体不同的区域产生不同的贴图效果，这部分内容将在后面的任务中详细讲解。

任务二 利用 UVW 贴图坐标制作留白挂画

如果同一种材质要应用到几个不同的物体上，必须根据不同的物体形态进行坐标系统的调整。这时，就应当采用 UVW 贴图坐标系统。UVW 贴图坐标是 3ds Max 9 常用的一种物体贴图坐标指定方式，"U"相当于 x，代表贴图的水平方向；"V"相当于 y，代表贴图的垂直方向；"W"相当于 z，代表垂直于贴图平面的纵深方向。如果物体自身的贴图坐标系统与 UVW 贴图坐标系统产生冲突，系统优先采用 UVW 贴图坐标。

本任务将利用 UVW 贴图坐标制作一幅带留白的挂画效果，如图 8-14 所示。

图8-14　带留白的挂画贴图效果

【步骤解析】

1. 选择菜单栏中的【文件】/【打开】命令，打开"Scenes\08_UVW 贴图.max"文件，这是一个带画布的像框场景。

2. 选择场景中的"像框"物体，单击主工具栏中的 按钮，打开【材质编辑器】对话框。

3. 选择第 1 个示例球，将其命名为"像框"，将【Blinn 基本参数】面板的【反射高光】选项栏中的【高光级别】值设置为"50"、【光泽度】设置为"40"。

4. 单击【漫反射】选项右侧的 按钮，在弹出的【材质/贴图浏览器】对话框中选择【位图】选项，如图 8-15 所示。

5. 单击 确定 按钮后，在弹出的【选择位图图像文件】对话框中选择"Maps"目录中的"ZSX.jpg"文件，这是一个雕花图案，如图 8-16 所示，然后单击 打开(0) 按钮。

图8-15　【材质/贴图浏览器】对话框

图8-16　"ZSX.jpg"文件图样

6. 单击【材质编辑器】对话框工具栏上的 按钮，将此贴图赋予场景中的像框，并单击 按钮，在透视图中显示贴图效果。此时，像框的贴图会出现错误的角度。

7. 在【坐标】面板中，将【角度】/【V】值设为"180.0"，【W】值设为"90.0"，将贴图在这两个方向上进行旋转。

8. 单击 按钮，进入修改命令面板，展开【曲面参数】面板，将【贴图】选项栏中的【长度重复】值设为"15"、【宽度重复】值设为"2"。

【长度重复】选项用来控制贴图沿路径重复的次数;【宽度重复】选项用来控制贴图沿截面圆周重复的次数。

9. 单击主工具栏中的 按钮,渲染透视图,效果如图 8-17 所示。

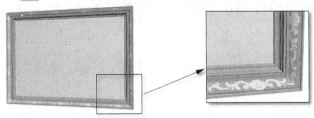

图8-17 透视图的渲染效果

10. 关闭渲染窗口,选择场景中的"画布"物体。在【材质编辑器】对话框中选择第 2 个示例球,将其命名为"画布",将【Blinn 基本参数】面板的【反射高光】选项栏中的【高光级别】值设为"40",将【环境光】和【漫反射】选项的颜色均设置为纯白色。

11. 单击【漫反射】选项右侧的 按钮,在弹出的【材质/贴图浏览器】对话框中选择【位图】选项。

12. 单击 确定 按钮后,在弹出的【选择位图图像文件】对话框中选择 "Maps\Image.jpg" 文件,这是一幅风景图案,然后单击 打开⑩ 按钮。

13. 单击【材质编辑器】对话框工具栏中的 按钮,将此贴图赋予场景中的"画布"物体,并单击 按钮,在透视图中显示出贴图效果。

14. 关闭【材质编辑器】对话框,渲染透视图,效果如图 8-18 所示。

15. 单击 按钮,进入修改命令面板,在【修改器列表】下拉列表中选择【UVW 贴图】选项,为画布添加【UVW 贴图】修改器,系统默认的贴图方式为【平面】贴图方式。

16. 在修改器堆栈中选择【UVW 贴图】/【Gizmo】选项,选择其【Gizmo】套框。

图8-18 透视图的渲染效果

17. 单击主工具栏中的 按钮,在前视图中将【Gizmo】套框向内收缩。

18. 渲染透视图,效果如图 8-19 所示。此时画布上的贴图虽向内缩,但没出现留白效果。

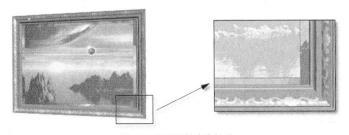

图8-19 透视图的渲染效果

19. 关闭渲染对话框。

20. 单击主工具栏中的 ⚇ 按钮，在【材质编辑器】对话框的【坐标】面板中，复选框的取消选中【U】、【V】选项栏中的【平铺】复选框。位置如图 8-20 所示。

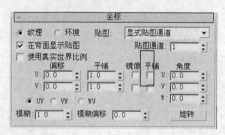

图8-20 【平铺】选项在【坐标】面板中的位置

21. 渲染透视图，出现留白效果，如图 8-21 所示。

图8-21 画布中的留白效果

22. 选择菜单栏中的【文件】/【另存为】命令，将场景另存为 "08_UVW 贴图_ok.max" 文件。

【知识拓展】

【UVW 贴图】修改器的【参数】面板部分形态如图 8-22 所示。

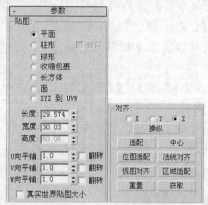

图8-22 【参数】面板

(1) 【贴图】选项栏：3ds Max 9 提供了 7 种贴图方式。

* 【平面】贴图：将贴图沿平面镜射到物体表面，效果如图 8-23 所示。
* 【柱形】贴图：将贴图沿圆柱侧面镜射到物体表面，适用于圆柱体的贴图，效果如图 8-24 所示。
* 【球形】贴图：将贴图沿球体外表面镜射到物体表面，适用于球体类贴图，效果如图 8-25 所示。

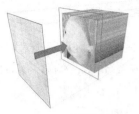

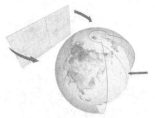

图8-23 平面贴图方式　　　　　图8-24 柱形贴图方式　　　　　图8-25 球形贴图方式

- 【收缩包裹】贴图：将整个贴图从上向下包裹住物体表面，适用于对球体或不规则物体进行贴图。
- 【长方体】贴图：按 6 个垂直空间平面将贴图分别镜射到物体表面，适用于立方体类物体贴图，效果如图 8-26 所示。
- 【面】贴图：按物体表面划分进行贴图，效果如图 8-27 所示。
- 【XYZ 到 UVW】贴图：创建与 3ds Max 9 自带的 3D 贴图（如【细胞】贴图）相匹配的贴图坐标，效果如图 8-28 所示。

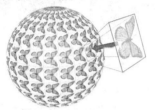

图8-26 长方体贴图方式　　　　图8-27 面贴图方式　　　　图8-28 【XYZ 到 UVW】贴图方式

- 【长度】/【宽度】/【高度】：分别设置代表贴图坐标的 Gizmo 套框的尺寸。
- 【U 向平铺】/【V 向平铺】/【W 向平铺】：分别设置在 3 个方向上贴图平铺的次数。

(2) 【对齐】选项栏。

该选项栏中的选项主要用来设置贴图坐标的对齐方式。

- 【X/Y/Z】：选择坐标对齐的轴向。
- 适配 按钮：自动锁定到物体外围边界盒上。
- 位图适配 按钮：选择一个图像文件，将坐标按它的长宽比对齐。

任务三 常用贴图通道

　　一个完整的材质是由众多的物理属性共同构建的，每一种物理属性都有一个专用的贴图通道，在这些贴图通道中贴入不同的贴图，就可以得到千变万化的材质效果。这些贴图通道都存放在【贴图】面板中，如图 8-29 所示。

　　在【贴图】面板中，每种贴图通道右侧都有一个 None 按钮，通过单击此按钮，可打开【材质/贴图浏览器】对话框，在此对话框中选择一种贴图类型就可以激活该通道。

图8-29 【贴图】面板形态

　　在本任务中，将介绍几个有代表性的贴图通道使用方法。

（一） 利用【自发光】贴图通道制作玻璃瓶材质效果

自发光贴图是将贴图以一种自发光的形式贴在物体表面，图像中纯黑的区域不会对材质产生任何影响，不是纯黑的区域将会根据自身的灰度值产生不同的发光效果。为物体添加自发光材质后，发光区域不受场景中灯光的影响，不能设置阴影。

本任务将利用【自发光】通道制作玻璃瓶材质效果，如图 8-30 所示。

图8-30　自发光玻璃效果

【步骤解析】

1. 选择菜单栏中的【文件】/【打开】命令，打开"Scenes\07_彩色灯光.max"文件。
2. 选择如图 8-31 左图所示的 3 个花瓶物体。激活透视图，单击 按钮最大化显示。
3. 在视图中选中桌面物体，单击主工具栏中的 按钮，打开【材质编辑器】对话框，根据上一节介绍的贴图过程，先为其设置一个木纹贴图，贴图文件为"Maps\a-d-122.tif"。
4. 完成以上操作后，再次选择 3 个花瓶物体，在材质编辑器中重新选择一个新的示例球，展开【贴图】面板。
5. 单击【漫反射颜色】贴图通道右侧的 None 按钮，在弹出的【材质/贴图浏览器】对话框中选择【衰减】程序贴图，单击【材质编辑器】对话框中工具栏上的 按钮，将此材质赋予花瓶，渲染透视图，此时花瓶并没有自发光效果。
6. 单击 按钮，返回上一级材质编辑窗口。先将【自发光】贴图通道【数量】改为"70"，再单击【自发光】贴图通道长按钮，同样贴入【衰减】程序贴图，在【衰减参数】面板中，可以将白色区域设置成浅蓝色。渲染透视图，花瓶出现自发光效果。
7. 单击 按钮，返回上一级材质编辑窗口。在【明暗器基本参数】面板中将明暗方式改为【各向异性】。在【各向异性基本参数】面板中，将【高光级别】改为"150"、【光泽度】改为"60"，【不透明度】改为"50"。渲染透视图，花瓶已经变成透明的，并且带一点自发光的效果了，如图 8-31 右图所示。

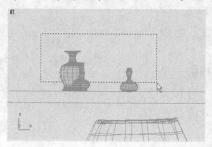

图8-31　玻璃花瓶及透明贴图效果

8. 如果想得到更为逼真的曲面玻璃折射效果，则需要在【折射】贴图通道中贴入【光线跟踪】贴图。注意折射的【数量】值应改成 "80"，否则前面设置的很多透明效果就看不出来了。渲染透视图，折射效果如图 8-30 右图所示。

9. 选择菜单栏中的【文件】/【另存为】命令，将场景另存为 "08_自发光_ok,max" 文件。

> 未选中【自发光】/【颜色】选项时，3ds Max 9 默认以物体的漫反射色作为自发光色；选中【自发光】/【颜色】选项后，3ds Max 9 会自动将【自发光】贴图通道中的贴图颜色作为自发光色。如果没有贴图，就以【自发光】/【颜色】选项右侧的色块为自发光色。

【知识链接】

衰减程序贴图可产生由明到暗的衰减效果，常用于【不透明度】贴图通道和【自发光】贴图通道等，产生透明衰减效果。

【衰减参数】面板如图 8-32 所示。

图8-32　【衰减参数】面板

- （交换颜色/贴图）按钮：交换黑白色块及其贴图信息。
- 【衰减类型】：这里有 5 种可选择的衰减类型，分别介绍如下。
  垂直/平行：基于表面法线 90° 角的衰减方式。
  朝向/背离：基于表面法线 180° 角的衰减方式。
  Fresnel（菲涅耳）：模拟灯塔上的合成透镜效果。
  阴影/灯光：利用落在物体上的光线强度来调整衰减。
  距离混合：基于近距离和远距离的值，在两者之间进行衰减。
- 【衰减方向】：用于选择衰减的方向，综合起来有 5 大类可选项，分别介绍如下。
  查看方向（摄影机 Z 轴）：以当前视图的观看方向作为衰减方向，物体自身角度的改变不会影响衰减方向。
  摄影机 X/Y 轴：以相机的 X/Y 轴作为衰减方向。
  对象：通过拾取一个物体，以这个物体的方向确定衰减方向。
  局部 X/Y/Z 轴：当以选择的物体方向作为衰减方向时，使用其中的一种来确定具体的轴向。
  世界 X/Y/Z 轴：设置衰减轴向到世界坐标系的某一轴向上，物体方向的改变不会对其产生影响。

（二）　利用【凹凸】贴图通道制作石堆效果

凹凸贴图是利用图像的明暗强度来影响材质表面的光滑程度，从而产生凹凸的表面效果。白色图像产生凸起，黑色图像产生凹陷，中间色产生过渡效果。这种贴图一般用来模拟凹凸质感，其优点是渲染速度很快，缺点是凹凸部分不会产生阴影效果。

本任务将利用【凹凸】贴图通道制作一个石头表面效果，如图 8-33 所示。

图8-33 石头表面的凹凸效果

【步骤解析】

1. 选择菜单栏中的【文件】/【打开】命令，打开 "Scenes\08_凹凸.max" 文件。

2. 选择场景中的所有物体，单击主工具栏中的 ✥ 按钮，打开【材质编辑器】对话框。选择 1 个示例球，展开【贴图】面板。

3. 单击【贴图】面板中【凹凸】贴图通道右侧的 None 按钮，在弹出的【材质/贴图浏览器】对话框中选择【细胞】程序贴图，在【细胞参数】面板的【细胞特性】选项栏中，将【大小】值设为 "1.0"，减小细胞的尺寸。

4. 在【坐标】面板中将【X】、【Y】、【Z】的【平铺】值均设为 "10"，单击 ⬚ 按钮，将此材质赋予球体，渲染透视图，效果如图 8-34 中图所示。

5. 单击 ⬚ 按钮，返回上一级材质编辑窗口。将【凹凸】贴图通道右侧的强度数值设为 "50"，增大凹凸程度，渲染效果如图 8-34 右图所示。

原物体 添加【细胞】贴图 增加凹凸数值

图8-34 【凹凸】贴图通道贴图效果

6. 选择菜单栏中的【文件】/【另存为】命令，将场景另存为 "08_凹凸_ok,max" 文件。

【知识链接】

凹凸贴图通道的强度值调节范围为 "–999" ～ "999"，但是过高的强度值会导致错误的渲染效果。

【细胞】程序贴图用于生成各种视觉效果的细胞图案，包括马赛克瓷砖、鹅卵石表面，甚至包括海洋表面效果，常用于【漫反射颜色】和【凹凸】贴图通道。

【细胞参数】面板如图 8-35 所示。

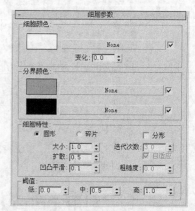

图8-35 【细胞参数】面板

- 【分界颜色】：指定细胞间的分界颜色。上面的色块设置细胞壁的颜色，下面的色块设置细胞液的颜色。

- 【大小】：设置细胞贴图的尺寸。

【知识拓展】

表 8-1 所示为常用的几个贴图通道及效果说明。

表 8-1　　　　　　　　　　　　常用的几个贴图通道及效果说明

贴图通道	效果	说明
【漫反射颜色】		主要用于表现材质的纹理效果，当设置为 100% 时，会完全覆盖漫反射色的颜色
【高光颜色】		在物体的高光处显示出贴图效果
【光泽度】		在物体的反光处显示出贴图效果，贴图的颜色会影响反光的强度
【不透明度】		利用图像明暗度在物体表面产生透明效果，纯黑色的区域完全透明，纯白色的区域完全不透明
【反射】		通过图像来表现出物体反射的图案，该值越大，反射效果越强烈。它与【Diffuse Color】贴图方式相配合，会得到比较真实的效果
【折射】		折射贴图方式模拟空气和水等介质的折射效果，在物体表面产生对周围景物的折射效果。与反射贴图不同的是它表现出了一种穿透效果

任务四　常用贴图类型

在材质的应用中，贴图作用非常重要，3ds Max 9 一共提供了 35 种贴图类型，按其功能的不同可分为以下 5 大类。

- 2D 贴图：在二维平面上进行贴图，常用于环境背景和图案商标，其中最重要的是【位图】类型。
- 3D 贴图：属于程序类贴图，依靠程序参数产生图案效果。
- 合成器贴图：提供混合方式，将不同的颜色和贴图进行混合处理。
- 颜色修改器贴图：更改材质表面像素的颜色。
- 其他贴图：用于建立反射和折射效果的贴图。

以上这些贴图类型需要在【材质/贴图浏览器】对话框中查找，如图 8-36 所示。

本任务将利用几种常用贴图类型来制作一个棋盘效果，如图 8-37 所示。

图8-36 【材质/贴图浏览器】对话框

图8-37 棋盘的材质效果

（一） 利用【反射/折射】贴图制作棋盘边效果

【反射/折射】贴图的工作原理被称为 6 面贴图的立方体投影方式，也就是以具有【反射/折射】贴图方式的物体为中心，向外以 90°增量角转动，产生 4 张侧视图、1 张顶视图和 1 张底视图，再将这 6 张图拼接在一起，形成一个 360°的视图，最终将这个 360°的视图以球形贴图方式贴在物体表面。这一过程就好像是用相机在 6 个不同的方向拍照，然后再将这些照片拼接在一起一样。

通过使用【反射/折射】贴图方式来产生物体表面反射和折射效果，将它指定给【反射】贴图通道时可产生曲面反射效果；将它指定给【折射】贴图通道时可产生曲面折射效果，如图 8-38 所示。

图8-38 环境反射效果

【步骤解析】

1. 选择菜单栏中的【文件】/【打开】命令，打开"Scenes\08_贴图类型.max"文件。
2. 选择"棋盘边"物体，单击主工具栏中的 ![] 按钮，打开【材质编辑器】对话框，选择 1 个示例球。在【Blinn 基本参数】面板的【反射高光】选项栏中，将【高光级别】值设为"95"、【光泽度】值设为"35"。
3. 展开【贴图】面板，在【漫反射颜色】贴图通道中贴入"Maps"目录中的"A-D-122.tif"文件，并在【坐标】面板中，将【U】向的【平铺】值设为"40"。

4. 单击 按钮，将此材质赋予所选的"棋盘边"物体。

5. 单击示例球对话框下方的 按钮，在场景中显示材质效果，渲染【Camera01】视图，
   效果如图 8-39 所示。

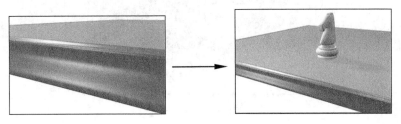

图8-39 木纹材质效果

6. 单击 按钮，在【贴图】面板的【反射】贴图通道内贴入 3ds Max 9 自带的【反射/折
   射】贴图。

7. 单击 按钮，返回上一级材质编辑对话框，将【反射】值设为"35"。

8. 单击主工具栏中的 按钮，渲染【Camera01】视图，效果如图 8-38 所示。

【知识链接】

【反射/折射参数】面板如图 8-40 所示。

图8-40 【反射/折射参数】面板

(1) 【来源】：确定 6 面贴图的来源，有【自动】和【从文件】两种。

- 【自动】：由 3ds Max 9 自动生成 6 面贴图进行反射贴图。
- 【从文件】：选择此单选按钮后，可允许用户指定 6 面贴图文件。

(2) 【大小】：用于设置【反射/折射】贴图的大小，值越小，【反射/折射】贴图
越模糊。

（二） 利用【棋盘格】贴图制作棋盘材质

制作棋盘材质效果需要利用【棋盘格】贴图来产生两色方格交错的图案，也可以用 2 张
贴图来进行交错，效果如图 8-41 所示。这种方法常用于产生一些格状、地板块等纹理。

图8-41 棋盘格效果

【步骤解析】

1. 继续上一场景，在视图中选择"棋盘面"物体。

2. 在【材质编辑器】对话框中选择 1 个未编辑过的示例球，在【Blinn 基本参数】面板的【反射高光】选项栏中，将【高光级别】值设为"96"、【光泽度】值设为"25"。

3. 展开【贴图】面板，在【漫反射颜色】贴图通道内贴入 3ds Max 9 自带的【棋盘格】贴图，在【棋盘格参数】面板中的【颜色#1】中贴入"Maps\A-E-017.tif"贴图。单击 按钮，返回上一级材质编辑对话框，在【颜色#2】中贴入"SA002.bmp"贴图。

4. 在【坐标】面板内将【U】、【V】向的【平铺】值均设为"4"，单击 按钮，将此材质赋予"棋盘面"物体。

5. 单击主工具栏中的 按钮，渲染【Camera01】视图，效果如图 8-41 所示。

【知识链接】

【棋盘格参数】面板如图 8-42 所示。

- 【柔化】：模糊两个区域之间的交界，柔化前后的效果比较如图 8-43 所示。

图8-42 【棋盘格参数】面板

【柔化】=0　　　【柔化】=0.2

图8-43 柔化前后的效果比较

- 【颜色#1】/【颜色#2】：分别设置两个区域的颜色或贴图。

- 交换 按钮：将两个区域的设置进行交换。

（三） 利用【平面镜】贴图制作棋盘面的镜面反射效果

【平面镜】贴图专用于在物体的一组共平面上产生平面镜反射效果，通常指定给【反射】贴图通道，效果如图 8-44 所示。

由于【平面镜】是用来制作平面镜反射效果的，因此在使用时应注意以下 3 点。

- 平面镜反射贴图可以赋予平面物体，但不能赋予曲面物体。

- 平面镜反射贴图要与物体的 ID 号相对应。

- 如果将平面镜反射贴图指定给多个选择的面，则这些面必须是共处一个平面上。

图8-44 平面镜效果

【步骤解析】

1. 继续上一场景，确认"棋盘面"的材质示例球为被选择状态，单击 ⬆ 按钮，返回上一级材质编辑窗口。

2. 在【贴图】面板的【反射】贴图通道内贴入【平面镜】贴图，在【平面镜参数】面板中，选中【渲染】选项栏中的【应用于带 ID 的面】复选框，其右侧文本框中的默认 ID 号为"1"。

3. 单击 ⬆ 按钮，返回上一级材质编辑窗口，将【反射】值设为"30"，降低反射强度。

4. 单击主工具栏中的 ⦾ 按钮，渲染【Camera01】视图，效果如图 8-44 所示。

不同【反射】值的渲染效果比较如图 8-45 所示。

【反射】值为"30"　　　　　　　　　　　　【反射】值为"70"

图8-45 不同【反射】值的渲染效果比较

【知识链接】

【平面镜参数】面板如图 8-46 所示。

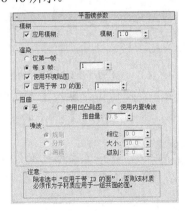

图8-46 【平面镜参数】面板

其中常用的参数说明如下。

- 【应用模糊】：用于对贴图的模糊过滤。
- 【模糊】：根据反射图像离物体距离的远近，影响其自身尖锐或模糊的程度。
- 【应用于带 ID 的面】：根据右侧的 ID 号来决定物体表面具有相同 ID 号的平面产生镜面反射的效果，选中该选项时不必使用多维子材质类型就可以在物体表面产生镜面反射。

（四） 利用【光线跟踪】贴图制作棋子材质

【光线跟踪】贴图是一种最准确的模拟物体反射与折射效果的贴图类型，比【反射/折射】的"6 面贴图法"模拟的反射、折射效果要精确得多，但是它渲染时间会较长，效果如图 8-47 所示。

图8-47　光线跟踪效果

1. 继续上一场景，选择场景中的【棋子】物体。
2. 在【材质编辑器】对话框中选择 1 个未编辑过的示例球，将阴影方式改为【各向异性】。在【各向异性基本参数】面板中将【漫反射】色块颜色设为红、绿、蓝均为"208"的灰色，【各向异性基本参数】面板中的各参数设置如图 8-48 所示。

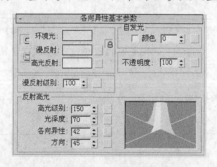

图8-48　【各向异性基本参数】面板中的设置

3. 展开【贴图】面板，在【折射】贴图通道内贴入【光线跟踪】贴图。
4. 在【光线跟踪参数】面板中，单击【背景】栏中的　　　无　　　按钮，贴入【衰减】程序贴图。
5. 单击【衰减参数】面板中的 按钮，颠倒黑白两色的位置。
6. 单击两次 按钮，返回顶层材质编辑对话框，将【折射】值设为"80"。单击 按钮，将此材质赋予所选物体。
7. 单击主工具栏中的 按钮，渲染【Camera01】视图，效果如图 8-47 所示。

8.　选择菜单栏中的【文件】/【另存为】命令，将场景另存为"08_贴图类型_ok.max"文件。

【知识链接】

【光线跟踪器参数】面板如图 8-49 所示。

(1)　【跟踪模式】选项栏：用于对光线跟踪结果进行设置，其中有以下 3 个选项。

- 【自动检测】：选择此单选按钮，3ds Max 9 会根据光线跟踪贴图类型所在的贴图通道决定产生反射效果或是折射效果。

- 【反射】：选择此单选按钮，不论光线跟踪贴图被放在什么贴图通道上，都只会产生反射效果。

- 【折射】：选择此单选按钮，不论光线跟踪贴图被放在什么贴图通道上，都只会产生折射效果。

图8-49　【光线跟踪器参数】面板

(2)　【背景】选项栏：对背景进行调整，有以下 3 个选择项。

- 【使用环境设置】：选择此单选按钮，可使物体在反射或折射周围场景的同时反射或折射背景。

- 颜色色块：用指定的颜色来代替环境背景。

- <u>　　无　　</u> 按钮：可用于指定一张贴图来取代环境背景。

【知识拓展】

在前面的任务中用到了几个程序贴图，例如【细胞】贴图，它们是依靠程序参数产生图案效果的。在 3ds Max 9 中还有许多常用的程序贴图，由于篇幅所限，不能一一介绍。表 8-2 所示为常用程序贴图的使用方法和效果。

表 8-2　　　　　　　　　　常用程序贴图的使用方法和效果

名称	图示	用途	主要参数解释
【凹痕】		产生随机的纹理，使其看上去有一种风化和腐蚀的效果，常用于【凹凸】贴图	【大小】：设置凹痕的尺寸大小。值越大，凹痕越大，数目就越少；值很小时可以产生沙粒效果 【强度】：设置凹痕的数量。值越低，凹痕越疏散；值为"0"时，为光滑表面 【迭代次数】：设置凹痕的重复次数。值越大，凹痕越复杂
【渐变】		产生三色或 3 个贴图的渐变过渡效果	【颜色#1】/【颜色#2】/【颜色#3】：分别设置 3 个渐变区域，可以设置颜色及贴图 【颜色 2 位置】：设置中间色的位置。值为"1"时，【颜色 2】代替【颜色 1】；值为"0"时，【颜色 2】代替【颜色 3】；默认值为"0.5" 【渐变类型】：分为【线性】和【径向】2 种

续 表

名称	图示	用途	主要参数解释
【噪波】		通过 2 种颜色的随机混合，产生一种噪波效果。常与【凹凸】贴图区域配合，用于无序贴图效果的制作	【噪波类型】：分为【规则】、【分形】和【湍流】3 种噪波类型 【噪波阈值】：通过【高】/【低】值来控制 2 种噪波的颜色限制 【大小】：控制噪波的大小 【级别】：控制分形运算时迭代运算的次数，值越大，噪波越复杂 【颜色#1】/【颜色#2】：分别设置噪波的 2 种颜色，也可以为其指定 2 个贴图
【遮罩】		使用一张贴图作为遮罩，透过它来观看材质效果，常用于【漫反射】贴图区域	【贴图】：单击右侧 None 按钮，选择一个贴图类型 【遮罩】：单击右侧 None 按钮，选择一个贴图类型作为遮罩 【反转遮罩】：将遮罩进行反向影响

任务五 复合类材质

除了标准材质以外，3ds Max 9 还提供了许多功能各异的非标准材质，其中较为简便的材质是建筑材质。建筑材质有很多预设的材质属性，如玻璃、金属、塑料等，不需要用户去专门设置这些材质的反射、高光等材质属性，3ds Max 9 会根据场景自动进行计算，使用起来非常方便。另外，还有一些比较常用的复合材质类型，例如【多维/子对象】材质。本任务将重点介绍这些材质的具体使用方法。

（一） 为球体添加各种【建筑】材质

建筑材质能快速模拟真实世界中的木头、石头、玻璃等材质，可调节的参数很少，其内置了光线跟踪的反射、折射和衰减，与光学灯光和光能传递一起使用时，能够得到最逼真的效果。

本任务将利用建筑材质制作各种球体效果，如图 8-50 所示。

图8-50 建筑材质效果

【步骤解析】

1. 选择菜单栏中的【文件】/【打开】命令，打开"Scenes\08_建筑材质.max"场景文件。
2. 选择桌面物体（即【Plane01】），单击主工具栏中的 🎱 按钮，打开【材质编辑器】对话框，选择 1 个未编辑的示例球。
3. 单击 Standard 按钮，在弹出的【材质/贴图浏览器】对话框中选择【建筑】选项，在【模板】面板中选择【瓷砖，光滑的】选项，在【物理性质】面板中的【漫反射贴图】通道中贴入【棋盘格】程序贴图。
4. 在【坐标】面板内将【U】、【V】向的【平铺】值均设为"2"，渲染摄影机视图，效果如图 8-51 所示。
5. 选择盘子物体（即【Star01】），在【材质编辑器】对话框中选择 1 个未编辑的示例球，参照步骤 3 的方法为其添加【建筑】材质。在【模板】面板中选择【塑料】选项，把【漫反射颜色】色块设为橘黄色，将此材质赋予盘子球体。渲染摄影机视图，效果如图 8-52 所示。

图8-51　瓷砖效果

图8-52　塑料效果

6. 分别选择各球体，在【材质编辑器】对话框中分别为它们添加【建筑】材质，然后在【模板】面板中选择不同的材质，渲染摄影机视图，效果如图 8-50 所示。
7. 选择菜单栏中的【文件】/【另存为】命令，将场景另存为"08_建筑材质_ok.max"文件。

> **说明**　在为物体赋予材质时，可在【物理性质】面板内适当修改【漫反射颜色】，或者在【漫反射贴图】通道中贴入贴图，这样会更好地展示建筑材质效果。

【补充链接】

选择【建筑】材质后，在【材质编辑器】对话框中有如下几个参数面板。

- 【模板】面板。
- 【物理性质】面板。
- 【特殊效果】面板。
- 【高级照明覆盖】面板。
- 【超级采样】面板。
- 【mental ray 连接】面板。

在这里重点介绍【模板】面板和【物理性质】面板。

(1) 【模板】面板。

【模板】面板如图 8-53 所示。

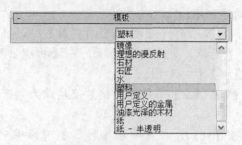

图8-53 【模板】面板

【模板】面板提供了可选择材质类型的列表，对于【物理性质】面板而言，模板不仅可以提供要创建材质的近似种类，而且可以提供这些材质的基本物理参数。选择好模板后可以通过添加贴图等方法增强材质效果的真实感。

(2) 【物理性质】面板。

【物理性质】面板如图 8-54 所示。

图8-54 【物理性质】面板

- 【漫反射颜色】：设置漫反射的颜色，即该材质在灯光直射时的颜色。

- ↖ 按钮：单击此按钮，可根据【漫反射贴图】通道中所指定的贴图计算出一个平均色，将此颜色设置为材质的漫反射颜色。如果在【漫反射贴图】通道中没有贴图，则这个按钮无效。

- 【漫反射贴图】：为材质的漫反射指定一个贴图。

- 【反光度】：设置材质的反光度。该值是一个百分比值，值为 100 时，此材质达到最亮；当值稍低一点时，会减少光泽；当值为 0 时，完全没有光泽。

- 【透明度】：控制材质的透明程度。该值是一个百分比值，当值为 100 时，该材质完全透明；值稍低一点时，该材质为部分透明；值为 0 时，该材质完全不透明。

- 【半透明】：控制材质的半透明程度。半透明物体是透光的，但是也会将光散射于物体内部。该值是一个百分比值，当值为 0 时，材质完全不透明；当值为 100 时，材质达到最大的半透明程度。

- 【折射率】：折射率（IOR）控制材质对透过的光的折射程度和该材质显示的反光程度，取值范围为 1.0～2.5。

- 【亮度 cd/m2】: 当亮度大于 0 时, 材质显示光晕效果。亮度以每平方米坎得拉为单位。
- ![Y按钮]（由灯光设置亮度）按钮: 单击此按钮可通过选择场景的灯光为材质指定一个亮度, 这样灯光的亮度就会被设置为材质的亮度。
- 【双面】: 选中此复选框, 可以使材质双面显示。
- 【粗糙漫反射纹理】: 选中此复选框, 将从灯光和曝光控制中排除材质, 使用漫反射颜色或贴图将材质渲染为完全的平面效果。

（二）　利用【多维/子对象】材质制作拼花效果

【多维/子对象】材质是将多个材质组合成为一种复合式材质, 分别指定给一个物体的不同子物体。

本任务将利用【多维/子对象】材质制作一个拼花图案, 效果如图 8-55 所示。

图8-55　【多维/子对象】效果

【步骤解析】

1. 单击扩展基本体中的 切角圆柱体 按钮, 在透视图中创建 1 个切角圆柱体, 形态及参数设置如图 8-56 所示。

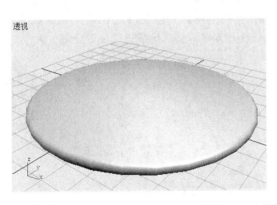

图8-56　切角圆柱体的形态及参数设置

2. 单击![按钮]按钮进入修改命令面板, 在【修改器列表】下拉列表中选择"编辑网格"命令, 单击【选择】面板中的![按钮]按钮, 在顶视图中选择顶面的网格, 然后在前视图中按住 Alt 键, 选择其余网格, 只保留顶面网格, 范围如图 8-57 所示。

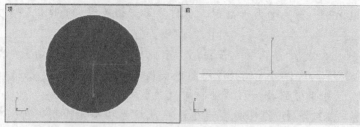

图8-57 所选网格的范围

3. 在【曲面属性】面板中确认【材质】选项栏中的【设置 ID】号为 "1"，然后选择菜单栏中的【编辑】/【反选】命令，反向选择其余多边形网格，范围如图 8-58 左图所示，然后将其【材质】选项栏中的【设置 ID】号设为 "2"，【曲面属性】面板如图 8-58 右图所示。

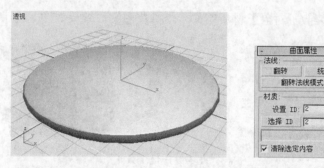

图8-58 所选多边形的位置及 ID 号位置

4. 关闭■按钮。单击主工具栏中的░按钮，打开【材质编辑器】对话框，选择 1 个示例球，单击 Standard 按钮，在弹出的【材质/贴图浏览器】对话框中选择【多维/子对象】选项，在弹出的【替换材质】对话框中选择默认项，单击 确定 按钮。

5. 在【多维/子对象基本参数】面板中单击 设置数量 按钮，将材质数量设为 "2"。

6. 进入 1 号材质编辑器，在【Blinn 基本参数】面板的【反射高光】面板中，将【高光级别】值设为 "65"、【光泽度】值设为 "45"。1 号材质设置如图 8-59 所示。

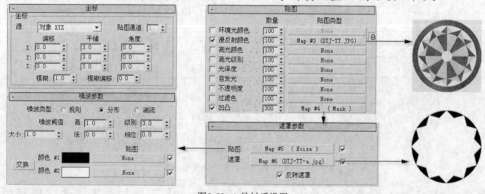

图8-59 1 号材质设置

【知识链接】

【遮罩】程序贴图是使用一张贴图作为遮罩，透过它来观看材质效果，合成效果如图 8-60 所示。

原图　　　　　　　　　　遮罩　　　　　　　　　　合成效果

图8-60　遮罩效果图

【遮罩参数】面板如图 8-61 所示。

- 【贴图】：单击右侧的  按钮，选择一个贴图类型。
- 【遮罩】：单击右侧的 None 按钮，选择一个贴图类型作为遮罩。
- 【反转遮罩】：将遮罩进行反向影响。

图8-61　【遮罩参数】面板形态

7. 单击 按钮，直至进入 2 号材质编辑器。在【Blinn 基本参数】面板中将【高光级别】值设为 "65"、【光泽度】值设为 "45"，在【漫反射颜色】贴图通道中贴入 "Maps\ASPHALT.jpg" 贴图，在【坐标】面板中将【U】向的【平铺】值设为 "10"。

8. 单击 按钮，将此材质赋予场景中的物体，渲染透视图，效果如图 8-55 右图所示。

9. 选择菜单栏中的【文件】/【保存】命令，将场景保存为 "08_多维子材质.max" 文件。

【知识链接】

【多维/子对象基本参数】面板如图 8-62 所示。

图8-62　【多维/子对象基本参数】面板

- 设置数量 按钮：设置子级材质的数目。
- 添加 按钮：单击一次此按钮，就增加一个子级材质。
- 删除 按钮：单击一次此按钮，就从后往前删除一个子级材质。

【知识拓展】

在 3ds Max 9 中，由于门、窗类建筑构件都自动设置了材质 ID 号，这样利用【多维/子对象】材质就可以直接为其设置材质。下面将介绍利用【多维/子对象】材质为门、窗类物体赋予材质的制作过程。

1. 在透视图中创建 1 个枢轴门，各参数面板的设置如图 8-63 所示。

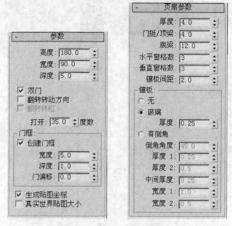

图8-63 枢轴门的参数设置

2. 单击主工具栏中的 按钮，打开【材质编辑器】对话框，选择 1 个示例球。单击 按钮，在打开的【材质/贴图浏览器】对话框中选择【浏览自】/【材质库】选项，再单击此对话框下方的【文件】/ 打开... 按钮。

3. 在弹出的【打开材质库】对话框中选择 "AecTemplates.mat" 文件，如图 8-64 所示。

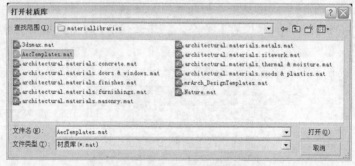

图8-64 【打开材质库】对话框

此文件存放于安装目录 "Autodesk\3ds Max 9\materiallibraries" 下。

4. 单击 打开⑪ 按钮，将选择的材质库调入【材质/贴图浏览器】对话框中，双击【Door-Template】材质，将其调入当前选择的示例球中，此时【多维/子对象基本参数】面板如图 8-65 所示。

5. 单击 按钮，将此材质赋予场景中的门物体。在【多维/子对象基本参数】面板中调节各材质通道的颜色，查看各通道在门中的不同位置。门格位置上的不同材质效果如图 8-66 所示。

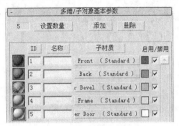

图8-65　【多维/子对象基本参数】面板

图8-66　门格位置上的不同材质

【知识链接】

与【多维/子对象】材质类似的还有【双面】材质和【顶/底】材质。

- 【双面】材质：在物体内及表面处分别指定 2 种不同的材质，并且可以控制它们的透明程度，效果如图 8-67 所示。

> 在使用时，应将【双面】材质与标准材质中【明暗器基本参数】面板的【双面】选项相区别，【双面】选项只能制作内外相同的材质，而【双面】材质则可制作内外完全不同的材质。

- 【顶/底】材质：为物体指定 2 种不同的材质，1 个位于顶部，1 个位于底部，效果如图 8-68 所示。

图8-67　【双面】材质效果

图8-68　【顶/底】材质效果

（三）　利用【混合】材质制作剥落的墙面材质

混合材质是将 2 种贴图混合在一起，通过混合数量值调节混合的程度，通常用来表现同一物体表面覆盖与裸露的 2 种不同材质特征，类似掉了一些墙皮的砖墙效果，如图 8-69 所示。

图8-69　混合材质效果

【步骤解析】

1. 选择菜单栏中的【文件】/【打开】命令，打开 "Scenes\08_自发光_ok.max" 文件。

2. 打开【材质编辑器】对话框，选择 1 个示例球，单击 Standard 按钮，在弹出的【材质/贴图浏览器】对话框中选择【混合】选项。

3. 在【混合基本参数】面板中进入【材质 1】编辑器对话框，在【漫反射颜色】贴图通道内贴入【平铺】程序贴图，在【坐标】面板内将【U】、【V】向的【平铺】值均设为"8"，其他面板中的参数设置如图 8-70 所示。

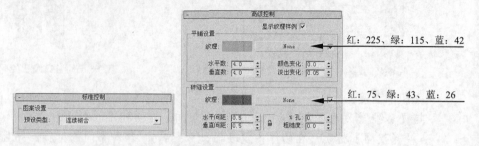

红：225、绿：115、蓝：42

红：75、绿：43、蓝：26

图8-70　【平铺】程序贴图各面板中的参数设置

4. 单击　按钮，返回最顶层的【材质编辑器】对话框。

5. 在【材质 2】编辑对话框中，在【漫反射颜色】贴图通道内贴入【灰泥】程序贴图，【灰泥参数】面板中的参数设置如图 8-71 所示。

6. 单击　按钮，返回最顶层的【材质编辑器】对话框。在【遮罩】贴图通道内贴入【泼溅】程序贴图，修改【泼溅参数】面板中的参数设置如图 8-72 所示。

图8-71　【灰泥参数】面板中的参数设置　　　　图8-72　【泼溅参数】面板中的参数设置

7. 将材质赋予场景中的左右 2 面墙，渲染透视图，效果如图 8-73 所示，此时的墙体并没有出现凹凸效果。

8. 在【材质 1】编辑对话框中，将【漫反射颜色】贴图通道中的贴图以【实例】方式复制到【凹凸】贴图通道内，并修改【凹凸】值为"999"。

9. 进入【材质 2】编辑对话框，单击【凹凸】贴图通道右侧的 None 按钮，在弹出的【材质/贴图浏览器】对话框中选择【浏览自】/【材质编辑器】选项，然后在右侧对话框内选择【遮罩】贴图，在弹出的【实例还是副本】对话框中选择【实例】选项。

10. 将【凹凸】值设为"-200"，渲染透视图，产生了明显的凹凸效果，如图 8-74 所示。

11. 选择菜单栏中的【文件】/【另存为】命令，将此场景另存为"08_混合材质_ok.max"文件。

图8-73　透视图的渲染效果　　　　　　　　　图8-74　墙面的凹凸效果

为灰泥制作凹凸时选择【实例】方式,是为了保持遮罩与灰泥贴图之间在修改参数时,可以同步进行修改,使凹凸效果始终保持在墙面破损的边缘。

【知识链接】

【混合基本参数】面板如图 8-75 所示。

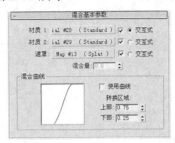

图8-75 【混合基本参数】面板

- 【材质 1】/【材质 2】:分别在 2 个通道中设置贴图。
- 【遮罩】:选择 1 张贴图来作为 2 个材质上的遮罩,利用遮罩图案的明暗度来决定 2 个材质的混合情况。
- 【混合量】:如果【遮罩】中无贴图,可通过此值来控制 2 个贴图混合的程度。值为 "0" 时,【材质 1】完全显现;值为 "100" 时,【材质 2】完全显现,如图 8-76 所示。

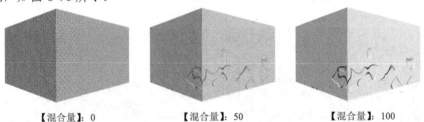

【混合量】: 0　　　　　【混合量】: 50　　　　　【混合量】: 100

图8-76 不同【混合量】的材质混合效果

实训一 制作带凹痕的建筑石材效果

要求:利用【建筑】材质为场景中的罗马柱制作凹痕材质效果,结果如图 8-77 所示。

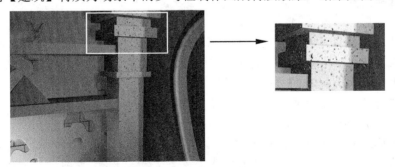

图8-77 带凹痕的石柱

【步骤解析】

1. 选择菜单栏中的【文件】/【打开】命令，打开"Scenes\08_混合材质_ok.max"场景文件。

2. 打开【材质编辑器】对话框，添加【建筑】材质，在【模板】面板中选择【石材】选项，在【物理性质】面板中的【漫反射颜色】贴图通道内贴入"sa002.bmp"贴图。

3. 在【特殊效果】面板内的【凹凸】贴图通道内贴入【灰泥】程序贴图，然后将此材质赋予场景中的物体。材质的制作过程如图8-78所示。

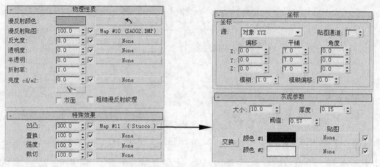

图8-78　凹痕材质制作过程

实训二 利用贴图制作地砖材质与镜面材质

要求：利用凹凸贴图通道制作如图 8-79 左图所示地面的地砖效果，利用镜面反射贴图制作如图 8-79 右图所示反光的镜子效果。

图8-79　地砖效果和镜面效果

【步骤解析】

1. 继续上一场景的操作。

2. 打开【材质编辑器】对话框，添加【建筑】材质，在【模板】面板中选择【石材】选项，在【物理性质】面板中的【漫反射颜色】贴图通道内贴入"Maps\concgray.jpg"贴图，平铺次数改成【U】为"8"、【V】为"5"。

3. 再在【特殊效果】面板中的【凹凸】贴图通道中贴入【平铺】程序贴图，平铺次数改成【U】为"5"、【V】为"3"。

4. 将此材质赋给地板。渲染地板，可以看到地面已经有了凹凸的石板材质效果。

5. 选择墙上的镜子物体，在透视图中放大显示，如图 8-80 左图所示。利用【打开】打开成组，选中内部的镜面物体。

6. 打开材质编辑器，选择 1 个未编辑过的示例球，添加【建筑】材质，在【模板】面板中选择【镜像】选项，将这个材质赋予镜面。

7. 再选择 1 个新的示例球，添加【建筑】材质，在【模板】面板中选择【金属—平的】选项，将这个材质赋予镜框，并赋予旁边的火把物体。

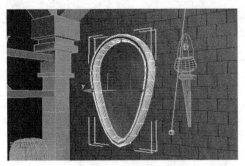 

图8-80 镜子和火把物体材质效果

8. 接下来自行练习调节中央火炉区的材质，位置如图 8-81 所示。火炉中间是自发光的红碳效果，上面的铁锅是金属的带双门材质效果，可以加上顶/底材质效果，边框是石材，效果如图 8-82 所示。

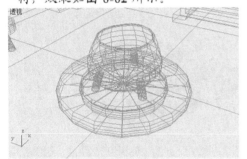 

图8-81 中间的火炉   图8-82 火炉材质效果

9. 渲染摄影机视图，效果如图 8-79 图所示。选择菜单栏中的【文件】/【另存为】命令，将场景另存为 "08_小屋材质_ok.max" 文件。

 项目小结

　　本项目重点介绍了 3ds Max 9 的材质应用。材质是场景真实感的重要组成部分。建模的过程类似素描，而材质的作用是为素描画上色，因此材质的选择对最终作品的视觉效果起着至关重要的作用。

　　学习调节材质之前，首先要掌握的是贴图技术，熟练地掌握贴图技术将大大简化材质的制作过程。贴图与贴图坐标是密不可分的，贴图决定着物体表面的纹理，而贴图坐标决定的是贴图的位置，所以要熟练掌握【UVW 贴图】修改功能。

　　材质的制作原理是将物体根据不同的物理属性分离成不同的通道，通过编辑不同的通道来表现物体表面不同的物理属性效果，所以要想调好材质就必须充分理解贴图通道的概念及作用。

3ds Max 9 还提供了一些特殊的非标准材质，如【多维/子对象】材质、【双面】材质等，它们的基本制作原理与标准材质完全相同，只是多个标准材质的合成效果。

 ## 思考与练习

1.　打开"LxScenes\08_01.max"文件，利用双面材质和镜面反射贴图制作如图 8-83 所示的镜面反射效果。

图8-83　双面材质与镜面反射效果

2.　打开"LxScenes\08_02.max"文件，利用 UVW 贴图坐标，为台基物体贴图，效果如图 8-84 所示。

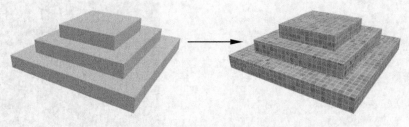

图8-84　台基贴图效果

项目九

动画与粒子系统

　　3ds Max 9 提供的动画功能非常完善，绝大部分可调节参数均可设置为动画，包括材质、灯光等元素都可以进行动画设置。

　　轨迹视图是动画创作的重要工作窗口，物体运动状态和显示状态的大部分设置都要在这里完成。轨迹视图不仅可以灵活地编辑动作，还可以直接创建动作，对动作的发生时间、持续时间以及运动状态等都可以轻松自如地进行调节。因为在 3ds Max 9 中，绝大部分可调节的参数都能记录为动画，所以轨迹视图的显示状态变得相对复杂一些。

　　在 3ds Max 9 中，粒子系统是一个相对独立的造型系统，可用来创建雨、雪、灰尘、泡沫、火花、气流等效果。粒子系统可以将任何造型作为粒子，除了可以做上述几种造型外，还可以制作鱼群、花园里随风摇曳的花簇、人群、吹散的蒲公英等。粒子系统主要用于表现动态的效果，它与时间、速度有非常密切的关系，一般用于动画制作。

　　本项目将重点介绍这些功能的使用方法。

学习目标

　　掌握动画的基本制作方法。

　　了解【设置关键点】的作用及用法。

　　掌握【轨迹视图－摄影表】的使用方法。

　　掌握【轨迹视图－曲线编辑器】的使用方法。

　　掌握【路径约束】的使用方法。

　　掌握粒子系统的创建及调节方法。

任务一　三维动画制作原理及流程

　　在制作三维动画前，应先了解有关动画制作的原理及常规制作流程，这将有助于更好地理解许多三维动画方面的概念，同时也可以搭建起一个制作三维动画的基本框架，从而能够提纲挈领地了解三维动画制作中不同阶段所需完成的工作。

（一）　三维动画制作原理

　　下面首先介绍传统手工制作动画的过程。

首先，由人工绘制出多幅动作连续的静态图像，每幅图像都代表着该动画内容的某一瞬间。然后，将其按照动作发生的时间次序依次排列，并快速播放这些图像。当速度达到一定程度时，利用人眼视觉暂留特性，动作看起来光滑流畅，就形成了动画。动画中的每幅静态图像称为点，平均每秒钟所播放的点数称为点速率，在 3ds Max 9 中用"FPS"表示。

为了消除人眼在观看播放的动画时产生的闪烁现象，一般情况下应当使用较高的点速率。3ds Max 9 支持以下几种点速率格式。

- NTSC 制（30 点/秒）：这是一种电视制式，广泛应用于美国和日本，也是 3ds Max 9 默认的点速率。
- PAL 制（25 点/秒）：这也是一种电视制式，广泛应用于中国以及欧洲地区。
- Film 格式（24 点/秒）：这是一种专用于电影播放的格式。
- Custom 格式（自定义）：该格式允许用户自定义点速率，常用于计算机之间交流的视频动画制作。

在传统手工制作动画产业中，十分依赖一种叫作关键点的技术。通常动画主设计师只完成一些重要的关键性动作点，而期间起到平滑作用的辅助关键点都是交给其助手来完成。例如制作一段手臂上抬的动画，主设计师只绘制手臂的原始位置关键点和上抬后的终止关键点，而手臂在整个上抬过程中的其余几十幅动作点都是由助手绘制完成的，这就是传统动画制作过程中关键点技术所起的作用。现在，这一技术被完美地引入到 3ds Max 9 中，用户充当动画主设计师的角色，通过在特定的时刻创建动画关键点，精确设定所要发生的动作及时间，3ds Max 9 就是用户的助手，由它来完成关键点之间其他点的设定。

（二） 三维动画制作流程

在 3ds Max 9 中制作三维动画可分为以下几个阶段。

(1) 物体建模

这是制作三维动画的首要步骤，类似传统绘画过程中的素描轮廓过程，它的主要任务是利用各种建模方法制作出三维物体的外形，然后由这些三维物体搭建出正确的场景，如图 9-1 所示。

(2) 设置材质

这个阶段的主要任务是为三维模型指定表面的色彩与纹理，类似于传统绘画中的上色过程。3ds Max 9 可以调制出各种现实和非现实的材质，可以表现出真实的金属、玻璃、木纹和石头等材质效果，如图 9-2 所示。

(3) 设置灯光和摄影机

现实生活离不开光线，在一个没有光线的环境中什么也看不见，而光线除了可以使人们看见物体外，还可以烘托气氛。当看到一幅阳光明媚的画面时，会感觉心情舒畅、和谐温暖；而看到一幅昏暗晦涩并泛着绿光的画面时，会感觉阴森恐怖、寒气逼人。这就是灯光的作用。而摄影机的作用更是不言而喻，没有摄影机就无法记录图像。这些特性在 3ds Max 9 中同样存在，因此三维场景的布光与摄影机取景就成为三维动画中非常重要的一部分，如图 9-3 所示。

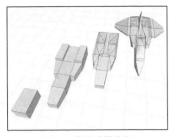

图9-1 物体建模阶段

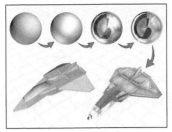

图9-2 设置材质阶段

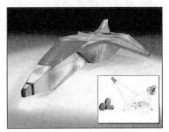

图9-3 设置灯光和摄影机阶段

（4）设定动画

这个阶段的主要工作是记录和编辑场景中各物体的动作，从关键点的记录到运动轨迹的编辑，3ds Max 9 都提供了一套完整的解决方案，如图 9-4 所示。在此阶段，对各种物体动作的理解和对时间概念的把握显得尤为重要，否则就会出现类似在高速公路上一辆豪华轿车以蜗牛的速度倒行的笑话。

（5）渲染合成

这是三维动画制作过程中的最后一个阶段，主要任务是将动画场景与背景或环境合成，然后按照指定的渲染精度渲染输出为视频格式文件，该文件就可以作为最终的成品供大家欣赏，如图 9-5 所示。

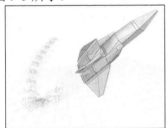

图9-4 设定动画阶段

图9-5 渲染合成

任务二 动画制作与调节

关键点动画是最基本的制作动画的手段，它的原理非常简单，主要记载物体的移动、旋转、缩放等变化，是一种比较基础的动画记录方式。在 3ds Max 9 中，关键点动画有两种记录模式：一种是自动记录，即使用 自动关键点 按钮记录动画；另一种是手动记录，即使用 设置关键点 按钮记录动画。

本任务将为一个简单场景制作动画，介绍 自动关键点 和 设置关键点 记录动画的操作过程。

（一） 利用自动关键点动画记录模式制作动画

自动关键点动画记录模式是 3ds Max 的传统动画记录方式，是一种系统自动记录物体各项可调参数变化情况的动画记录模式，用户只需要控制时间范围即可。

【操作步骤】

1. 重新设定软件系统。单击 ⊾ / ○ / 球体 和 茶壶 按钮，在透视图中创建 1 个半径为 "10" 的球体和半径为 "20" 的茶壶，调整球体在各视图中的位置并适当调整透视图的显示角度，如图 9-6 所示。

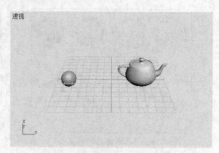

图9-6 球体和茶壶在透视图中的位置

2. 选择球体，单击动画控制区中的 自动关键点 按钮，使其变为红色激活状态，将时间滑块拖到第 50 帧的位置上。

3. 激活前视图，此时在前视图上出现一个红色的边框。将球体向右移至碰到茶壶的位置上，并在修改命令面板上将球体的半径值改为 "20"，此时球体的位置及形态如图 9-7 所示。

4. 选择茶壶，将时间滑块拖到第 100 帧的位置上。

5. 在前视图中将茶壶向右移动一段距离，然后在修改命令面板中将它的半径值改为 "10"，位置及形态如图 9-8 所示。

图9-7 球体在前视图中的位置及形态　　　　图9-8 茶壶在前视图中的位置及形态

6. 单击 自动关键点 按钮，关闭动画记录。

此时，在时间控制区内，茶壶就有 2 个红色关键点，如果这时播放动画，就会看到茶壶从第 0 帧起开始移动并逐渐缩小，一直到第 100 帧时，缩到最小点，完成了一个动画周期。如果用户想要它从第 50 帧时才开始发生变化，就需要进行修改。

7. 确认茶壶为被选择状态。在时间控制区内，单击茶壶第 0 帧处的关键点，使其变为白色，然后按住鼠标左键，将它拖到第 50 帧的位置上，形态如图 9-9 所示。

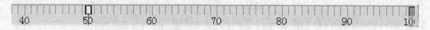

图9-9 将关键点拖到第 50 帧的位置上

8. 激活透视图，然后单击动画控制区中的 ▶ 按钮，播放动画预览。在球体的运动过程中，球体逐渐由小变大，碰到茶壶时达到最大点，然后茶壶受到球体的撞击向右移动，并在移动的过程中逐渐缩小。

9. 选择菜单栏中的【文件】/【保存】命令，将此场景以 "09_自动关键点.max" 的名字保存起来。

（二） 利用关键点动画记录模式制作动画

以上介绍的是自动记录关键点动画的制作过程，下面介绍利用 设置关键点 按钮来记录关键点动画，达到上例所做的动画效果。

【步骤解析】

1. 继续上一场景。单击 ⏮ 按钮，将时间滑块恢复到第 0 帧的位置。

2. 分别选择球体和茶壶，在时间控制区内选中所有关键点，按键盘上的 Delete 键将关键点全部删除。此时，场景中应该没有任何动画效果。

3. 单击 设置关键点 按钮，使其变为红色激活状态，再单击 关键点过滤器... 按钮，在弹出的【设置关键点】对话框中只选中【位置】和【对象参数】复选框，如图 9-10 所示，使其只记录物体位置和参数动画。

图9-10 【设置关键点】对话框

4. 关闭【设置关键点】对话框。选择球体，单击 ⚷ 按钮，在第 0 帧处建立一个关键点。

5. 将时间滑块拖到第 50 帧的位置上，激活前视图，将球体向右移至碰到茶壶的位置上，并在修改命令面板上将它的半径值改为 "20"，球体的位置如图 9-7 所示。

6. 单击 ⚷ 按钮，在第 50 帧处为球体建立 1 个关键点。

7. 选择茶壶，此时时间滑块在第 50 帧的位置上，再单击 关键点过滤器... 按钮，确认在【设置关键点】对话框中【位置】和【对象参数】复选框为选中状态。

8. 单击 ⚷ 按钮，在第 50 帧处为茶壶建立 1 个关键点。

9. 将时间滑块拖到第 100 帧的位置上，在前视图中将茶壶向右移动一段距离，然后在修改命令面板中将它的半径值改为 "10"，位置及形态如图 9-8 所示。

10. 单击 ⚷ 按钮，在第 100 帧处为茶壶建立 1 个关键点。

11. 单击 设置关键点 按钮，使其关闭。

这时播放动画，球体和茶壶的运动结果与自动关键点的设置相同。

通过上面的操作可以看出，自动记录关键点动画是将物体的每个变化细节都加以记录，如果想修改某帧的运动结果，必须对这一关键点进行修改，这在制作小动画时会很方便，而在制作大型动画时就会很麻烦。手动设置关键点动画可以单独对某一修改项进行动画设置，例如只设置物体的位移动画、缩放动画等，这样既可以达到对动画分段设置的目的，又可以避免出现大量冗余的关键点，在制作大型动画时就更容易操控了。

（三） 利用轨迹视图与关键点编辑动画

轨迹视图窗口是动画创作的重要窗口。在该视图中，不仅可以灵活地编辑动作，还可以直接创建动作，对动作的发生时间、持续时间以及运动状态等都可以轻松地进行调节。在 3ds Max 9 中，轨迹视窗已经划分为 "曲线编辑器" 和 "摄影表" 两种不同的视窗编辑模式。在【轨迹视图–曲线编辑器】窗口中，以函数曲线方式显示和编辑动画。在【轨迹视图–摄影表】窗口中，以动画关键点和时间范围方式显示和编辑动画，关键点有不同的颜色分类，并且可以左右移动，更改动画时间。

由于 3ds Max 9 中几乎所有可调节的参数都可以记录成动画，因此【轨迹视图】窗口中的内容就变得相对复杂，所有可以进行动画调节的项目在这里都一一对应。

下面就通过一个球体场景来介绍【轨迹视图】窗口的编辑方法。

【步骤解析】

1. 重新设定软件系统。单击 ⬚ / ⬚ / 球体 按钮，在透视图中创建 1 个半径为 "20" 的球体。

2. 单击主工具栏中的 ⬚ 按钮，打开【轨迹视图－曲线编辑器】窗口，在其左侧窗口内的空白处按住鼠标左键向上拖动，会出现一个【Sphere01】选项，这说明场景中所有动画的项目在轨迹视窗中都一一列出，如图 9-11 所示。

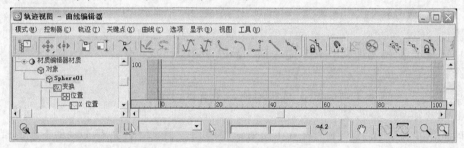

图9-11 【轨迹视图－曲线编辑器】窗口形态

3. 单击动画控制区中的 自动关键点 按钮，打开动画记录，将时间滑块拖到第 10 帧的位置上，在透视图中将球体沿 z 轴向上移动一段距离，然后关闭动画记录。此时播放动画预览，球体会在 0～10 帧出现向上移动的动画。

4. 在【轨迹视图－曲线编辑器】窗口中，选择菜单栏中的【模式】/【摄影表】命令，打开【轨迹视图－摄影表】窗口，如图 9-12 所示。

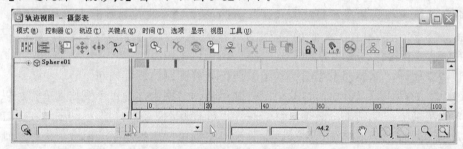

图9-12 【轨迹视图-摄影表】窗口形态

5. 在【轨迹视图－摄影表】窗口中单击【Sphere01】左侧的 ⊕ 按钮，再单击【变换】左侧的 ⊕ 按钮，此时就展开了球体的 3 个变换项目。观察【位置】项目行可见 2 个红色关键点，它们代表球体在第 0 帧和第 10 帧的 2 个不同位置，如图 9-13 所示。

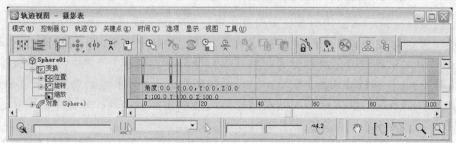

图9-13 关键点在【轨迹视图-摄影表】窗口中的位置及形态

6. 单击 （编辑范围）按钮，将【轨迹视图－摄影表】窗口转换为【编辑范围】方式，如图9-14所示。

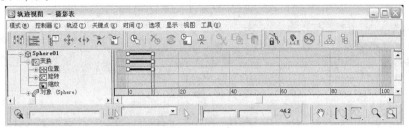

图9-14 【编辑范围】方式

7. 将指针放在右侧的关键点处，此时指针为 □□ 形态，按住鼠标左键向右移动至20帧处，位置如图9-15所示。

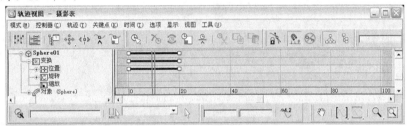

图9-15 右边关键点在【轨迹视图–摄影表】窗口中的位置

再播放动画预览，此时球体在0~20帧向上移动，这说明已更改了动画时间。

【知识链接】

编辑动画范围时，指针有3种形态。

- □□ 形态：向右延长时间范围条棒。
- ◁□ 形态：向左延长时间范围条棒。
- ◁□▷ 形态：移动时间范围条棒位置。

8. 单击 （编辑关键点）按钮，将【轨迹视图－摄影表】窗口转换为【编辑关键点】方式。

由于球体只在z轴上产生了位移动画，而系统自动记录了x、y、z3个轴向上的关键点，为了精减冗余关键点，应将x、y2个轴向上的关键点删除。

9. 单击【位置】左侧的 ⊕ 按钮，展开其下选项，框选【X位置】和【Y位置】上的关键点，如图9-16所示，按 Delete 键，将其删除。

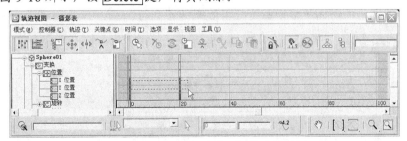

图9-16 框选【X位置】和【Y位置】上的关键点

10. 选择【Z 位置】左侧的红色关键点，按住 Shift 键，向右移动到第 40 帧处，位置如图 9-17 所示。在透视图中播放动画预览，球体会在 0～20 帧上升，在 20～40 帧下落，如图 9-18 所示。

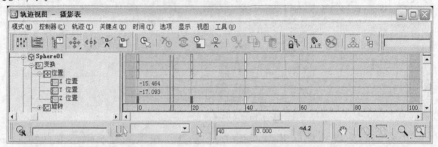

图9-17　复制后的关键点在【轨迹视图-摄影表】窗口中的位置

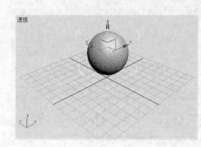

第 20 帧

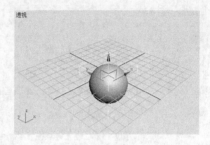

第 40 帧

图9-18　球体在第 20、40 帧上的位置

11. 在【轨迹视图－摄影表】窗口中，选择菜单栏中的【模式】/【曲线编辑器】命令，打开【轨迹视图－曲线编辑器】窗口，如图 9-19 所示。

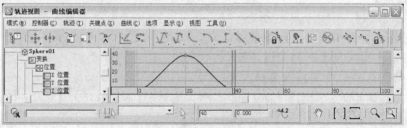

图9-19　【轨迹视图－曲线编辑器】窗口

12. 在【轨迹视图－曲线编辑器】窗口工具栏中的 按钮上按住鼠标左键不放，在弹出的按钮组中选择 （垂直移动关键点）按钮，单击蓝色曲线隆起的顶点，将它向下移动到水平线以下 "－30" 的位置，产生向下的抛物线形态，如图 9-20 所示。在透视图中播放动画预览，球体就会出现先下后上的运动效果。

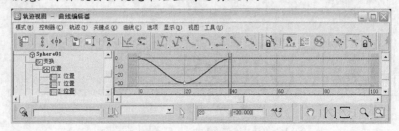

图9-20　向下的抛物线形态

（四） 设置循环动画

很多情况下，某个动作会在整个动画周期内不断地重复，类似钟摆的摆动过程一样。制作此类动作，只须手动设置第一次的完整摆动过程，之后就可以通过越界循环功能让系统自动为其添加后面的重复摆动动作。

【步骤解析】

1. 接上例。单击【Z 位置】选项，再单击 （参数曲线超出范围类型）按钮，在弹出的【参数曲线超出范围类型】对话框中选择【周期】选项，位置如图 9-21 所示，然后再单击 确定 按钮。

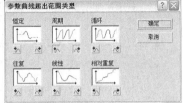

图9-21 【周期】项在窗口中的位置

此时，在【轨迹视图－曲线编辑器】窗口中就产生了周期性变化的连续曲线，形态如图 9-22 所示。在透视图中播放动画预览，球体会在 0～100 帧往复运动。

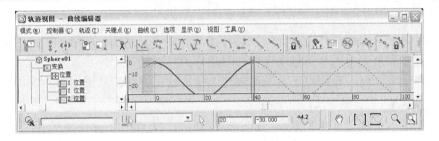

图9-22 连续曲线在【轨迹视图－曲线编辑器】窗口中的形态

2. 选择【轨迹视图－曲线编辑器】窗口菜单栏中的【控制器】/【指定】命令，弹出【指定浮点 控制器】窗口，选择【噪波浮点】控制器，位置如图 9-23 所示。

3. 单击 确定 按钮，3ds Max 9 自动打开【噪波控制器】对话框，如图 9-24 左图所示。

4. 在【噪波控制器】对话框中，将【分形噪波】复选框取消选中，再将【频率】值设为 "0.05"、【强度】值设为 "50"，这样就得到了光滑的噪波曲线，如图 9-24 右图所示。此时，在透视图中播放动画预览，可见球体光滑地进行着无序运动。对于不同的运动控制器，有着各不相同的调节参数。

图9-23 【噪波浮点】控制器的位置

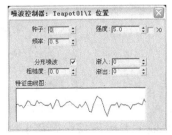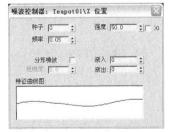

图9-24 噪波曲线修改前后的形态比较

5. 选择菜单栏中的【文件】/【保存】命令，将场景以 "09_轨迹视图.max" 为名保存。

【知识链接】

【轨迹视图–曲线编辑器】窗口轨迹栏中的各按钮的含义如下。

- 按钮：代表光滑运动曲线。
- 按钮：代表线性运动曲线。
- 按钮：代表阶跃运动曲线。也就是说，物体的运动状态是跳跃的，中间没有平滑过渡。
- 按钮：代表指数运动曲线（快速曲线）。
- 按钮：代表抛物运动曲线（慢速曲线）。
- 按钮：代表自定义贝塞尔运动曲线。在自定义贝塞尔运动曲线状态下，可以分别通过调整两端的调节杆来调整任意翼侧曲线的弯曲形态。
- 按钮：代表自动贝塞尔运动曲线。在自动贝塞尔运动曲线状态下，可以通过调整任一端的调节杆来调整曲线的整体弯曲形态。

任务三 利用粒子系统制作雪花场景

创建粒子系统时需要创建发射器以产生粒子，有些粒子系统使用粒子系统图标作为发射器，而有些粒子系统则使用从场景中选择的对象作为发射器。

本任务以雪花为例，介绍粒子系统的创建及基本使用方法，效果如图 9-25 所示。

【步骤解析】

1. 重新设定软件系统。为场景添加 "Maps\Fj094.jpg" 文件，作为背景贴图。

2. 在创建命令面板中的 标准基本体 ▼ 下拉列表中选择 粒子系统 ▼ 项，并单击 雪 按钮，在顶视图中按住鼠标左键，创建 1 个雪花粒子发射器，在【参数】面板的【发射器】选项栏中将【宽度】和【长度】值均设为 "300"。

3. 在前视图中将发射器向上移动一段距离，然后调整透视图的显示角度，拖动时间滑块，就会看到粒子下落的形态，如图 9-26 所示。

图9-25 雪花粒子效果

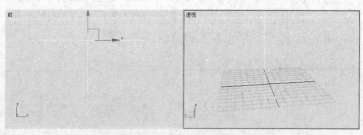

图9-26 发射器在前、透视图中的形态

4. 单击 按钮，进入修改命令面板，在【参数】面板中修改各参数值如图 9-27 左图所示，然后渲染透视图，雪花粒子效果如图 9-27 右图所示。

5. 单击 按钮打开【材质编辑器】对话框，选择 1 个未编辑过的示例球，将【Blinn 基础参数】面板中的【漫反射】色设为白色，选中【自发光】选项栏中的【颜色】选项，并设置自发光颜色为红、绿、蓝均为 "183" 的亮灰色。

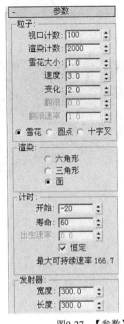

图9-27 【参数】面板中的设置及透视图的渲染效果

6. 展开【贴图】面板，在【不透明度】贴图通道中贴入 "Maps\SNOW_BW.BMP" 文件，将此材质赋予粒子发射器。渲染透视图，此时雪花粒子显示为雪花的花纹，效果如图 9-25 所示。

7. 选择菜单栏中的【文件】/【保存】命令，将场景保存为 "09_雪花粒子.max" 文件。

【知识链接】

在雪花的【参数】面板中，常用的几项参数含义如下。

- 【视口计数】: 设置在视图中显示的粒子数量。

- 【渲染计数】: 只设置渲染时出现的粒子数量，不影响【视口计数】值。

- 【变化】: 指雪花下落时以下落直线为中轴位置发生飘移的范围。值越大，雪花的飘移范围就越大，整个雪花场景的扩散范围也增大。默认值为 "0"，即雪花是按直线状态下落的。

- 【开始】: 指雪花从第几点开始出现，如果将此参数设定为 "-10"，则表示雪花在第 0 点以前就已经出现，并且已经下落了 10 点的距离。

- 【寿命】: 指雪花从开始下落到消失，要历经多少点。如果将其设为 "90"，表示在第 0 点出现的雪花到第 90 点就消失了。

- 【恒定】: 选中此项，雪花将连续不断地产生。

- 【宽度】和【长度】: 是指雪花发散器的宽度和长度，这 2 个参数决定了场景中雪花散布的范围。

【知识拓展】

3ds Max 9 提供了不同种类的粒子系统，以下是几种常用的粒子效果。

- 喷射 : 发射垂直的粒子流，其系统参数较少，易于控制，效果如图 9-28 所示。

- 雪 : 用来模拟雪花效果，它的【翻滚】值可以控制使每片雪花在落下的同时进行翻滚运动，也可以给它指定多维材质，产生五彩缤纷的碎片下落效果，如图 9-29 所示。

图9-28 【喷射】效果

图9-29 【雪】效果

- **暴风雪**：从 1 个平面向外发射粒子流，不仅用于普通雪景的制作，还可以表现火花迸射、气泡上升等特殊效果，如图 9-30 所示。
- **粒子阵列**：以 1 个三维物体作为目标对象，从它的表面向外发散出粒子阵列，效果如图 9-31 所示。

图9-30 【暴风雪】效果

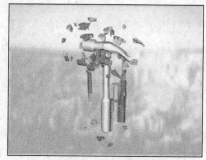

图9-31 【粒子阵列】效果

- **粒子云**：限制 1 个空间，在空间内部产生粒子效果，效果如图 9-32 所示。常用来制作堆积的不规则群体，如人群、成群的蜜蜂、陨石等。
- **超级喷射**：从 1 个点向外发射粒子流，且只能由 1 个出发点发射，产生线型或锥形的粒子群形态，如图 9-33 所示。

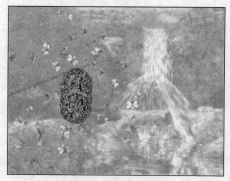

图9-32 【粒子云】效果

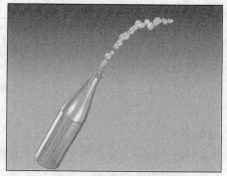

图9-33 【超级喷射】效果

实训一　制作拾球动画

要求：利用基本动画制作方法及链接功能，制作如图9-34所示的拾球动画效果。

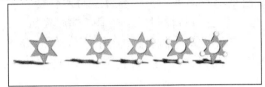

图9-34　拾球动画效果

【步骤解析】

1. 选择菜单栏中的【文件】/【打开】命令，打开"Scenes\09_拾球.max"文件，这是包含1个齿轮和3个球的场景。

2. 在前视图中选择靠近齿轮的球体【Sphere01】，选择菜单栏中的【动画】/【约束】/【链接约束】命令，在齿轮上单击鼠标左键，如图9-35所示，球体就被链接到齿轮上，但它的相对位置却没有发生变化。这时移动齿轮，会发现球体也会随之一起运动。

3. 依旧选择【Sphere01】，在 ⊚ 运动命令面板中单击【Link Params】/ 链接到世界 按钮，位置如图9-36所示。此时，球体会向别的地方跳去。

图9-35　将球体链接到齿轮上

图9-36　 链接到世界 按钮的位置

【知识链接】

链接约束功能常用于一个物体向另一个物体链接转移的动画制作，被限制的物体会随着目标物体的移动、旋转、缩放而发生相应的变化。

- 添加链接 按钮：添加新的链接目标。
- 链接到世界 按钮：将被限制的物体链接到世界坐标系上。
- 删除链接 按钮：删除当前选择的链接。

4. 在顶视图中将【Sphere01】移动到原来的位置上。

5. 利用相同方法为【Sphere02】和【Sphere03】2个球体都施加链接约束，再将它们分别链接到世界坐标系上，然后恢复它们原来的位置。

6. 在前视图中选择齿轮，单击动画控制区中的 自动关键点 按钮，打开动画记录，把时间滑块拖到第 100 帧的位置，然后将齿轮向右移动 "1 280" 个单位（也可以在 $\boxed{\text{X.0.0}}$ 内直接输入 "1 280"。），再单击工具栏中的 $\circlearrowleft$ 按钮，在前视图中将其沿 z 轴顺时针旋转 4 周即 "−1 440°"，关闭 自动关键点 按钮。

7. 单击 $\blacktriangleright$ 按钮，在前视图中播放动画，齿轮会匀速向右转动。

8. 选择【Sphere01】球体，单击动画控制区中的 自动关键点 按钮，打开动画记录，把时间滑块拖到第 25 帧的位置。单击 $\circledast$ /【Link Params】/ 添加链接 按钮，然后在前视图中的齿轮上单击，将球体链接到齿轮上，这样齿轮在第 25 帧时会捡到【Sphere01】球体。

> ① 由于在同一个关键点上只能有一个链接约束，而在第 0 帧时已为球体添加了一个【链接到世界】链接方式，因此它就冲掉了一开始对齿轮的链接，所以在第 25 帧时，必须再为它添加这一链接约束，使球体能在以后的时间内跟随齿轮一起运动。
>
> ② 最初对球体施加的链接操作必须要做，否则在 $\circledcirc$ 运动命令面板中就不会出现【Link Params】参数面板。

9. 单击 添加链接 按钮，将其关闭。播放动画预览，球体就会随着齿轮一起移动。

10. 用相同方法设置齿轮的运动过程。齿轮会在第 42 帧时捡到第 2 个球，在第 58 帧时捡到第 3 个球，同设置【Sphere01】的步骤相同，在这 2 个关键点上分别将它们链接到齿轮上。

11. 单击动画控制区内的 $\blacktriangleright$ 按钮，在透视图中观看动画，效果如图 9-34 所示。通过观察动画预览，会看到在齿轮向右移动的过程中，球体停在原地不动，当齿轮捡到球体后，球体会跟着齿轮一起发生位移变化。

12. 选择菜单栏中的【文件】/【另存为】命令，将此场景另存为 "09_拾球_ok.max" 文件。

实训二　作链接球动画

要求：利用 1 个圆锥体和 1 个球体，制作链接约束动画，如图 9-37 所示。

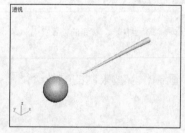
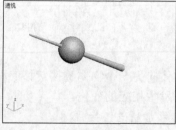
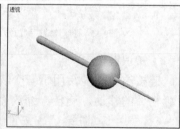

图9-37　链接约束效果

【步骤解析】

1. 选择菜单栏中的【文件】/【打开】命令，打开 "Scenes\09_链接球.max" 文件，这是包含圆锥体与球体的场景。

2. 选择球体，选择菜单栏中的【动画】/【约束】/【链接约束】命令，在圆锥体上单击左键，将球体链接到圆锥上，但球体的相对位置却没有发生变化。

3. 在 ◎ 运动命令面板中单击【Link Params】面板中的 [删除链接] 按钮，删除刚才添加的链接约束。

这样做的目的是为了先给球体添加约束功能，以方便以后的修改。

4. 确认时间滑块在第 0 帧的位置上，单击 [链接到世界] 按钮，球体在当前世界坐标系中添加了约束链接。

5. 将时间滑块移动到第 30 帧处，单击 [添加链接] 按钮，然后单击视图中的圆锥体，将球体再链接到圆锥体上。

6. 选择菜单栏中的【文件】/【另存为】命令，将场景另存为"09_链接约束_ok.max"文件。

在透视图中观看动画预览，会发现圆锥体在向球体靠近的过程中，球体位置不动，圆锥体刺到球体后，球体随着圆锥体一起转动，效果如图9-37所示。

实训三 作火车链条动画

要求：利用【样条线 IK 解算器】制作火车在轨道上移动的效果，如图 9-38 所示。

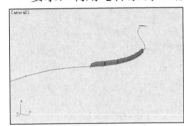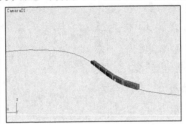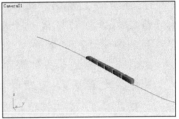

图9-38 样条线 IK 解算器动画效果

【步骤解析】

1. 选择菜单栏中的【文件】/【打开】命令，打开"Scenes\09_火车.max"文件，这是一个如图 9-39 所示的火车模型与轨道线型的场景。

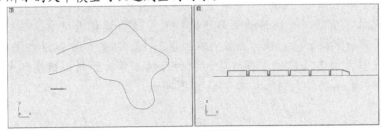

图9-39 火车和路径场景

2. 在顶视图中放大火车模型，并将顶视图全屏显示。单击 [ ] / [ ] / [骨骼] 按钮，在顶视图中从最左边的火车尾部开始，单击生成骨骼的第 1 点，向右拖曳鼠标至本节车厢和下一节车厢的连接处，再次单击鼠标左键，完成第 1 段骨骼的创建。继续向右拖曳鼠标，每一节车厢对应一个骨骼物体，一共 6 节车厢，对应创建 6 节骨骼，当火车头部单击左键创建了 6 段骨骼后，再单击右键结束创建，3ds Max 9 会自动在火车头部生成一个很小的第 7 节骨骼。骨骼创建过程如图 9-40 所示。

3. 单击主工具栏中的 按钮，依次将对应的火车车厢作为子物体，链接到对应的骨骼上。也就是说，在火车车厢上按住鼠标左键向对应骨骼上拖曳鼠标，然后放开鼠标实现链接。将这6节车厢一一对应进行链接，要确定看到骨骼闪动才算链接成功，可以反复操作多次以确认操作成功。

4. 完成后，可转换为移动工具，选择最左边的一段骨骼，然后再缩小视图，直到能看见一部分路径为止，如图9-41所示。

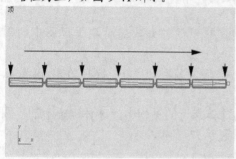

图9-40　创建骨骼过程1

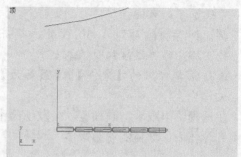

图9-41　创建骨骼过程2

5. 确定最左边的骨骼为被选择状态，然后单击【动画】/【IK 解算器】/【样条线 IK 解算器】命令。此时指针与第 1 段骨骼之间会自动拖出一条虚线，接下来要分别单击 2 个物体才能完成操作。首先，先单击火车头部那个最小的第 7 段骨骼，之后从第 7 段骨骼处，还是会有一根虚线与指针相连；然后，再单击二维线型，火车和骨骼立刻就移动并对应到了路径上，如图9-42所示。

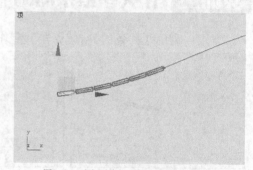

图9-42　对应到路径上的火车和骨骼状态

6. 单击 自动关键点 按钮进行动画记录，将时间滑块移动至最后一帧，确定第 1 段骨骼为被选择状态。此时，3ds Max 9默认处在 运动命令面板中，上推该面板，将【路径选项】\【%沿路径】参数改为"100"，火车会自动移动至路径的末端。

7. 关闭动画记录，将时间滑块移动至第一帧位置。适当调整透视图，在路径的中心位置创建一个【目标】摄影机，目标点放置在火车头上，位置如图9-43左图所示。

8. 在顶视图中放大火车头区域，将该摄影机的目标点作为子物体链接到火车头上，确定火车头闪动，表示链接成功，如图9-43右图所示。

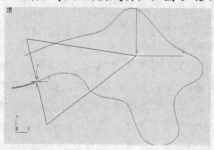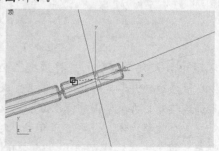

图9-43　创建摄影机并链接目标点

9. 在前视图中将摄影机向上移动一段距离，使其呈现俯视状态。然后，将左视图转换成为相机视图，并进行【平滑+高光】显示，单击 ▶ 按钮播放动画。效果如图 9-38 所示。

10. 选择菜单栏中的【文件】/【另存为】命令，将场景另存为 "09_火车_ok.max" 文件。

 ## 项目小结

本项目主要介绍了手动设置动画记录、运动轨迹编辑及关键点编辑技术，这些都是制作复杂动画的重要工具。在调节动画时，【轨迹视图－摄影表】窗口与【运动轨迹－曲线编辑器】窗口应当配合使用，【轨迹视图－摄影表】窗口主要调节关键点所在的位置，而【轨迹视图－曲线编辑器】窗口则决定着每2个关键点之间运动轨迹的变化情况。

学习粒子系统首先要从创建发射源开始，用户应当根据使用目的不同而选择合适的粒子发射源，如果只是模拟一些简单的大面积粒子效果时，最好选用参数比较简单的【喷射】粒子和【雪】粒子，它们的参数相对简单，控制起来比较方便。如果要创建具有复杂变化的粒子系统，可以考虑选用【粒子阵列】、【超级喷射】等参数复杂、功能全面的粒子系统。

 ## 思考与练习

1. 利用超级喷射粒子制作如图 9-44 所示的烟花效果。

图9-44 烟花效果

2. 为场景添加爆炸虚拟物体，使茶壶产生爆炸效果，如图 9-45 所示。

图9-45 茶壶爆炸效果

渲染是根据指定的材质、灯光、背景及大气等环境设置，将场景中的几何体以实体化的方式显示出来，形成最终的创作结果。渲染场景需要通过渲染对话框来创建渲染并将它们保存到文件中，渲染结果通过渲染帧窗口显示出来。

本项目主要介绍 3ds Max 9 中的扫描线渲染器和 V-Ray 渲染器的使用方法。

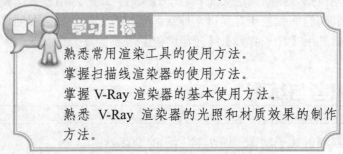

学习目标

熟悉常用渲染工具的使用方法。
掌握扫描线渲染器的使用方法。
掌握 V-Ray 渲染器的基本使用方法。
熟悉 V-Ray 渲染器的光照和材质效果的制作方法。

任务一 利用默认扫描线渲染器渲染场景

扫描线渲染器通过连续的水平线方式渲染场景，是 3ds Max 9 从 Video Post 或【渲染场景】对话框渲染场景时默认的渲染器，【材质编辑器】对话框也通过它来显示材质和贴图的情况。渲染结果通过渲染帧窗口显示出来。

下面利用一个恐龙的场景来介绍扫描线渲染器的使用方法。

【步骤解析】

1. 选择菜单栏中的【文件】/【打开】命令，打开 "Scenes\10_恐龙.max" 文件。

2. 激活摄影机视图，单击主工具栏中的 按钮，会弹出【渲染】对话框，如图 10-1 左图所示，渲染结果会显示在渲染帧窗口中，如图 10-1 右图所示。

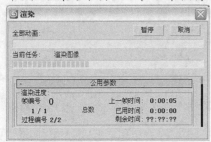 

图10-1 【渲染】对话框及渲染结果

3. 关闭渲染帧窗口。单击主工具栏中的 按钮，在弹出的【渲染场景】对话框中，将

【输出大小】选项栏中【宽度】和【高度】的值改为"320"和"240"，或单击右侧的 `320x240` 按钮也可以改变【宽度】和【高度】的值。

4. 单击【渲染场景】对话框右下方的 `渲染` 按钮，渲染透视图。

5. 在渲染帧窗口中单击 按钮，弹出【浏览图像供输出】对话框，在【保存在】选项右侧的文本框中选择合适的文件来保存路径。

6. 展开【保存类型】下拉列表，选择其中的【JPEG 文件】选项，如图 10-2 所示。

7. 在【文件名】右侧的文本框中输入文件名"恐龙"，单击 `保存(S)` 按钮，此时会弹出【JPEG 图像控制】对话框，如图 10-3 所示，单击 `确定` 按钮，将渲染图以"恐龙.jpg"为名保存起来。

图10-2 所选项在【浏览图像供输出】对话框中的位置

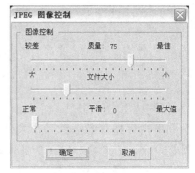

图10-3 【JPEG 图像控制】对话框

8. 选择菜单栏中的【文件】/【查看图像文件】命令，在弹出的【查看文件】对话框中选择刚保存的图像文件，单击 `打开(O)` 按钮，可看到刚渲染的图像文件，如图 10-4 所示。

9. 关闭"恐龙.jpg"对话框。

10. 下面进行动画渲染。仍回到【渲染场景】对话框中，在【时间输出】选项栏内选中【活动时间段】单选按钮，如图 10-5 所示。

图10-4 【查看文件】对话框

图10-5 【活动时间段】选项位置

11. 在【输出大小】选项栏内确认【图像纵横比】右侧的 按钮为开启状态，修改宽度和高

度值为 "400×300"。

12. 单击【渲染输出】选项栏内的 文件... 按钮，在弹出的【渲染输出文件】对话框中将文件取名为 "恐龙.avi"。

13. 单击 保存(S) 按钮，在弹出的【AVI 文件压缩设置】对话框中选用其默认的【Mictosoft Video 1】压缩器，然后单击 确定 按钮。【AVI 文件压缩设置】对话框如图 10-6 所示。

14. 单击【渲染场景】对话框中的 渲染 按钮开始渲染，在【渲染】对话框中的【全部动画】选项栏内显示出动画的渲染进程，如图 10-7 左图所示，此时图像会以水平线的方式进行渲染，如图 10-7 右图所示。

图10-6 【AVI 文件压缩设置】对话框　　　　　　　　图10-7 【渲染】对话框及图像渲染过程

15. 下面利用内存播放器播放动画文件。渲染结束后，选择菜单栏中的【渲染】/【RAM 播放器】命令，打开 3ds Max 9 自带的内存播放器窗口。

16. 单击【通道 A】栏中的 按钮，在弹出的【打开文件，通道 A】对话框中选择刚渲染的 "恐龙.avi" 动画文件后，单击 打开(O) 按钮。

17. 在弹出的【RAM 播放器配置】对话框中设置播放窗口的【宽度】和【高度】分别为 "400" 和 "300"。【RAM 播放器配置】对话框如图 10-8 所示。

18. 单击 确定 按钮，弹出【加载文件】对话框，如图 10-9 所示。

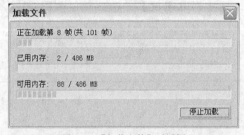

图10-8 【RAM 播放器配置】对话框　　　　　　　　图10-9 【加载文件】对话框

19. 将选择的动画文件从硬盘中装载到内存里。经过一段时间后，"恐龙.avi" 文件就出现在【RAM 播放器】对话框中，此对话框的名称自动改名为 "帧"，如图 10-10 所示。

20. 单击【帧】窗口中的 ▶ 按钮，播放并观看动画效果。

21. 单击 ■ 按钮停止播放动画。

22. 关闭【帧】窗口，此时会弹出【退出 RAM 播放器】提示对话框，如图 10-11 所示。

图10-10 【帧】窗口形态

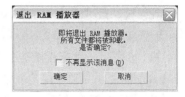

图10-11 【退出 RAM 播放器】提示对话框

【知识链接】

单击  按钮，可打开【渲染场景】对话框，如图 10-12 所示。其中，【公共参数】面板用于基本的渲染设置，对任何渲染器都适用。

下面就对几个比较常用的选项进行说明。

(1) 【时间输出】选项栏。

该选项栏主要确定将要对哪些帧进行渲染。

- 【单帧】选项：只对当前帧进行渲染，得到静态图像。
- 【活动时间段】选项：对当前活动的时间段进行渲染，当前时间段以视图下方时间滑块上所显示的关键帧范围为依据。
- 【范围】选项：手动设置渲染的范围，这里还可以指定为负数。

(2) 【输出大小】选项栏。

该选项栏主要确定渲染图像的尺寸大小。

在这里除了使用 3ds Max 9 列出的 4 种常用渲染尺寸外，还可以通过修改【宽度】和【高度】值来自定义渲染尺寸。当激活【图像纵横比】右侧的 按钮时，3ds Max 9 就会自动锁定长度和宽度的比例。（图像纵横比＝长度/宽度）

图10-12 【渲染场景】对话框

(3) 【选项】选项栏。

用于对渲染方式进行设置。在渲染一般场景时，最好不要改动这里的设置。

(4) 【渲染输出】选项栏。

用于选择视频输出设备，并通过单击 文件... 按钮来设置渲染输出的文件名称及格式。在 3ds Max 9 中可以将渲染结果以多种文件格式保存，包括静态图像格式和动画格式。针对每种格式，都有其对应的参数设置。

3ds Max 9 中的文件格式有以下几种。

- AVI 格式：Windows 平台通用的动画格式。
- BMP 格式：Windows 平台标准位图格式。支持 8 位 256 色和 24 位真彩色两种模式，它不能保存 Alpha 通道信息。

- CIN 格式：柯达的一种格式，无参数设置。
- EPS、PS 格式：一种矢量图形格式。
- FLC、FLI、CEL 格式：它们都属于 8 位动画格式，整个动画共用一个 256 色调色板，尺寸很小，但易于播放，只是色彩稍差，不适合渲染有大量渐变色的场景。
- JPG 格式：一种高压缩比的真彩色图像文件，常用于网络图像的传输。
- PNG 格式：一种专门为互联网开发的图像文件。
- MOV 格式：苹果机 OS 平台标准的动画格式，无参数设置。
- RLA 格式：一种 SGI 图形工作站图像格式，支持专用的图像通道。
- TGA、VDA、ICB、VST 格式：真彩色图像格式，有 16 位、24 位及 32 位等多种颜色级别，它可以带有 8 位的 Alpha 通道图像，并且可以无损地进行文件压缩处理。
- TIF 格式：一种位图图像格式，用于应用程序之间和计算机平台之间交换文件。

【知识拓展】

在 3ds Max 9 界面的主工具栏右侧提供了几个专门用于渲染的按钮，分别是 按钮、 按钮和 按钮。

渲染按钮旁边是渲染类型下拉列表，该下拉列表中有 8 个可选项，如图 10-13 所示，可以从中选择要渲染的类型。

- 【视图】选项：对当前激活视图中的全部内容进行渲染。
- 【选定对象】选项：对当前激活视图中被选择的物体进行渲染。
- 【区域】选项：对当前激活视图中的指定区域进行渲染。选择此项渲染时，再单击 按钮，会在激活视图内出现一个虚线范围框，如图 10-14 所示。通过调节该范围框可以调节要渲染的区域，单击右下角的 确定 按钮，可以对所选区域进行渲染，这种渲染仍保留渲染设置的图像尺寸，在改变渲染背景色时，可以看到范围框周围的区域是黑色的，结果如图 10-15 所示。

图10-13 渲染范围选项

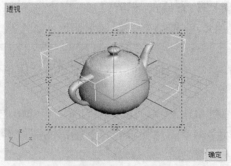

图10-14 进行区域渲染时的虚线范围框

图10-15 【区域】渲染结果

- 【裁剪】选项：只渲染选择的区域，并按区域面积进行裁剪，产生与框选区域等比例的图像。它的渲染结果如图 10-16 所示。

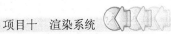

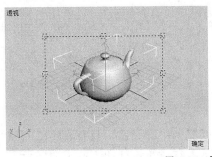

图10-16 【裁剪】渲染

- 【放大】选项：与【区域】渲染使用方法相同，但渲染后图像的尺寸不同。对于【区域】渲染，相当于在原效果图上切一块进行渲染，而【放大】渲染是将这切下的一小块进行放大后渲染。选择该选项进行调节时，图像长宽比例保持不变，它的渲染结果如图 10-17 所示。

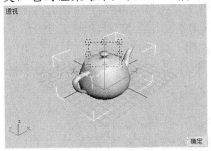
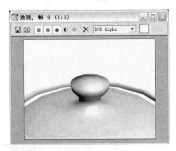

图10-17 【放大】渲染

- 【选定对象边界框】选项：对当前选择物体的边界（即白色外框）区域进行渲染。选择此项后，再单击 按钮，弹出【渲染边界框/选定对象】对话框，如图 10-18 所示。在这里可以设置边界框的宽度和高度。【选定对象边界框】渲染结果如图 10-19 所示。

图10-18 【渲染边界框/选定对象】对话框

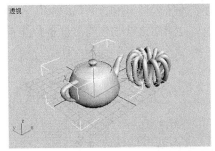

图10-19 【选定对象边界框】渲染结果

【选定对象区域】选项和【裁剪选定对象】选项与【选定对象边界框】选项的用法基本相同，它们分别是【区域】与【裁剪】选项的延伸，这里不再赘述。

任务二 V-Ray 渲染器

V-Ray 是一款专业的 3D 渲染引擎，它可以渲染出高品质、具有真实感的图像。该渲染器以设置简单、效果突出、渲染快速而著称，所以在建筑设计和工业模型展示等领域得到了广泛的应用。本书特别添加了 V-Ray 渲染模块功能的使用方法介绍。

该模块并非 3ds Max 9 的基本功能，而是以外挂的形式安装和使用的，所以在安装了 3ds Max 9 软件之后，还需要另外购买并安装 V-Ray 程序。由于 V-Ray 渲染器的很多渲染工作都是调用显卡上的 GPU 来进行渲染，所以计算机上的显卡性能将会得到最大程度的发挥。当然同样的场景在安装了不同显卡的计算机上使用效果和效率会有很大区别。

V-Ray 渲染器支持多处理器渲染，例如，图 10-20 所示的是使用专用图形工作站渲染一个场景时的状态，图中同时出现 8 个渲染块，说明有 8 个线程在同时进行渲染。现在最普通的 CPU 也是双线程的，所以这种渲染块多数情况下是 2 块。图中的白色数字是为了便于大家看清图示，手工标注上的，在实际渲染时是不会出现这些数字的。

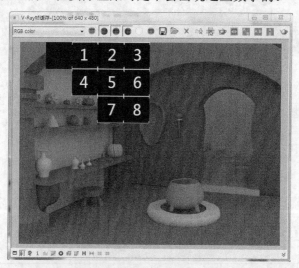

图10-20 4核8线程的处理器渲染块状态

V-Ray 有很多版本，多是英文版，本书为了方便学习特意选用了最常用于 3ds Max 9 的汉化版本 "V-Ray 2.0 SP1"。如果读者选用其他版本，有可能会出现参数面板位置不同的情况。

（一）调用 V-Ray 渲染器渲染

V-Ray 渲染器的渲染过程与扫描线渲染器不同，它是以块的方式生成图像的。

【步骤解析】

1. 重置场景。重新创建一个用于学习 V-Ray 渲染器调用过程的场景。
2. 首先在场景中创建 1 个茶壶物体以及 1 个环形结物体。移动位置，使环形的底部与茶壶底部平齐，位置如图 10-21 所示。

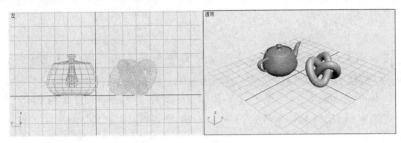

图10-21 两个物体之间的位置关系

3. 单击 ![] / ![] / 标准基本体 ▼ 下拉列表框，在弹出的下拉列表中选择 VRay 选项。

4. 单击 VR_平面 按钮，在透视图中任意位置单击。3ds Max 9 就创建 1 个 V-Ray 专用的平面物体，如图 10-22 所示。

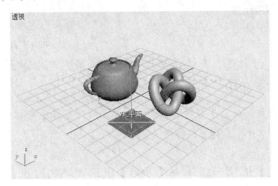

图10-22 创建 V-Ray 平面物体

此时，如果单击主工具栏中的 ![] 按钮，3ds Max 9 就会选择默认的扫描线渲染器进行渲染，渲染结果是看不到平面物体的。

5. 单击主工具栏中的 ![] 按钮，打开【渲染场景】对话框，在【公用】面板中展开对话框最下方的【指定渲染器】面板，如图 10-23 所示。

6. 单击【产品级】选项右侧的 ... 按钮，在弹出的【选择渲染器】对话框中选择【V-Ray Adv 2.10.01】选项，如图 10-24 所示。

图10-23 【指定渲染器】面板　　　　图10-24 【选择渲染器】对话框

7. 单击 确定 按钮并关闭【选择渲染器】对话框。此时，在【指定渲染器】面板中的【产品级】选项内的渲染器就换成了【V-Ray Adv 2.10.01】。

> **说明** 另外一个选项【V-Ray RT 2.10.01】，也是 V-Ray 渲染器的一个模块，是实时渲染模块，在修改场景的同时，会自动进行实时渲染，但是对计算机硬件要求很高。

8. 取消选中【公用】/【公用参数】/【渲染帧窗口】复选框（就在【电子邮件通知】栏的上方位置），如图10-25所示。

9. 进入【VR_基项】选项卡，选中【V-Ray::帧缓存】面板中的【启用内置帧缓存】选项，并取消选中【从MAX获取分辨率】选项，如图10-26所示。

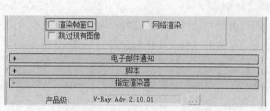

图10-25 【渲染帧窗口】参数的位置

图10-26 【VR−基项】参数面板

10. 确定透视图是当前激活视图。单击 按钮进行渲染。可以看到一个铺满屏幕的平面物体上面放着1个茶壶和1个环形结。

> **说明** 此时场景使用的是默认灯光照射的效果，看不出与扫描线渲染器的区别。只须简单设置几个选项，就可以看出 V-Ray 渲染器的特殊效果了。

11. 进入【VR_间接照明】选项卡，选中【开启】复选框，打开间接照明计算，如图 10-27 左图所示。为了增加场景的环境光效，还需要回到【VR_基项】选项卡，展开【V-Ray::环境】面板，选中【开】复选框，从而为这个场景增加了天光效果，如图10-27右图所示。

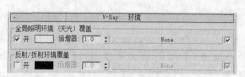

图10-27 开启天光和间接照明计算

12. 确定透视图是当前激活视图。单击 按钮进行渲染。此时，系统渲染时间将会加长，渲染速度将由计算机硬件性能决定。渲染完成后就可以看到柔和的天光和间接照明的效果了。效果如图10-28所示。

13. 选择菜单栏中的【文件】/【另存为】命令，将场景另存为"10_VR.max"文件。

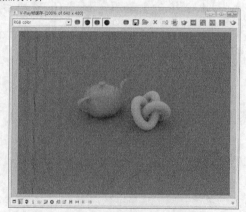

图10-28 天光与间接照明计算效果

（二）V-Ray 渲染器的光照效果

V-Ray 渲染器拥有丰富的光照效果，包括环境光照、自带灯光系统、自发光材质照明等，这些照明系统可以通过简单的操作实现过去需要大量灯光阵列才能实现的间接光照效果，本节将分别演示这些照明方式的调节和使用方法。

V-Ray 渲染器的光照效果

首先在 V-Ray 的渲染帧窗口中的环境参数面板中，为场景添加一个 HDR 贴图，观察这种带光度信息的贴图照明效果，然后再创建一盏 VR_光源，观察 V-Ray 自带的灯光效果，如图 10-29 所示。

图10-29　V-Ray 的光照效果

【步骤解析】

1. 继续上一场景。场景中已经添加了一个简单的单色环境光，默认是淡蓝色的，还可以用一组带有光度信息的 HDR 贴图来模拟各种复杂环境中环境光照的效果。

2. 打开【渲染场景】对话框，单击【VR 基项】/【环境】/【开】选项右侧的【None】长按钮。

3. 在【材质/贴图浏览器】对话框中，选择【VR_HDRI】选项，然后单击 确定 按钮。此时， None 按钮上就会显示出【VR_HDRI】字样。此时并没有完成 HDR 贴图的指定，需要配合材质编辑器才能完成这个工作。

4. 单击主工具栏中的 按钮，打开【材质编辑器】对话框，确认与【渲染场景】对话框并排摆放着。然后将鼠标指针放在【VR_HDRI】字样的按钮上，按住鼠标左键拖曳，将该按钮的贴图拖曳到【材质编辑器】对话框中的一个示例球上，确定为【实例】方式，如图 10-30 所示。

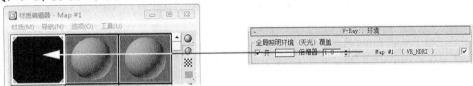

图10-30　将【VR_HDRI】贴图拖曳到材质实例球上

5. 在【材质编辑器】对话框中，单击【参数】/【位图】右侧的 浏览 按钮。在弹出的对话框中选择 "Autodesk\3ds Max 9\maps\HDRs\KC_outside_hi.hdr" 文件。

6. 将【贴图】/【贴图类型】改为 "球体"，参数设置以及实例球效果如图 10-31 所示。

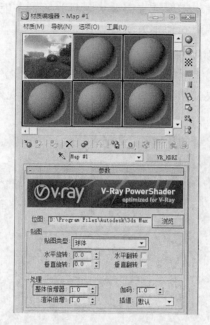

图10-31 【材质编辑器】参数位置

渲染场景可以看到，场景中的光感和色调都发生了一些微妙的变换。如果想让场景更亮一点，可以简单地加大【材质编辑器】中的【整体倍增器】的数值。这里，将采取另外一种方法使得渲染图像变得明亮起来。

7. 单击 🖱 / 🎥 / 标准 ▼，在列表中选择【V-Ray】选项，单击命令面板中的 VR_物理像机 按钮，在顶视图中按住鼠标左键拖曳，创建一个相机物体。

V-Ray 的相机是模仿单反相机的参数而设置的，因此需要用户对单反相机的操作与调节有一定的了解。

8. 激活透视图，单击键盘上的 C 键，将透视图转换成相机视图。利用界面右下角【视图导航控制区】中的按钮，将相机视图调整回刚才透视的角度。

9. 确认【VR_物理像机 01】物体为被选中状态，进入修改命令面板，将【基本参数】/【光圈系数】改为 "1.2"，再将【快门速度】改为 "100"。

光圈值与快门速度数值越小，场景就越亮，这 2 个参数相互配合使用，可以在不改变场景的灯光参数的情况下，得到不同明暗度的输出效果。

10. 渲染相机视图，会发现这次渲染输出的图像明暗效果变化非常明显，效果如图 10-32 所示。接下来再为这个场景添加一盏 V-Ray 专用的灯光。

11. 单击 🖱 / 💡 / 标准 ▼，在列表中选择【V-Ray】选项，单击命令面板中的 VR_光源 按钮。在顶视图中按住鼠标左键拖曳，创建出一个平面的光源物体。然后移动并旋转该灯光物体，使其处于如图 10-33 所示的位置。

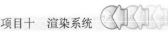

图10-32 通过 VR_物理像机 渲染的场景效果

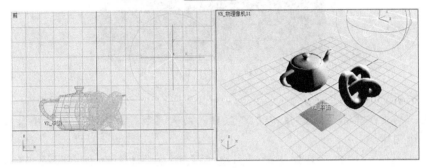

图10-33 创建 1 盏 VR_光源

VR_光源是一个面光源，光源物体本身默认是可渲染的，而且这种光源可以轻而易举地实现柔和的阴线过渡效果。

12. 渲染相机视图，会发现靠近灯光的部分，出现曝光过度的白光斑。

解决这个问题的方法有很多种。

- 一种方法是，将灯光物体移远一些，因为 V-Ray 的灯光有自动衰减功能，离灯光越远的物体，得到的光照越小。

- 另种方法是，进入修改命令面板，降低灯光的【倍增】参数，或者修改灯光物体的【大小】参数，将【半长度】和【半宽度】参数缩小。

- 还有一个种方法是，提高 VR_物理相机的【光圈系数】和【快门速度】数值，也可以缓和场景的曝光过度效果。

13. 将 VR_光源的【大小】/【半长度】参数改为"5"、【半宽度】参数改为"40"。再将 VR_物理相机物体的【快门速度】升高到"200"。渲染相机视图，曝光过度问题解决了，效果如图 10-29 所示。

14. 选择菜单栏中的【文件】/【另存为】命令，将场景另存为"10_VR_照明.max"文件。

（三） V-Ray 渲染器的材质效果

V-Ray 渲染器不但支持 3ds Max 的默认材质，还提供了专用的材质类型，调节方法与 3ds Max 默认材质有很大区别。V-Ray 的材质更趋于简化，只需要调节几个简单的参数就可以得到区别非常大的材质效果。

下面分别介绍 V-Ray 材质的调节方法。

反射材质效果

本节将以几种反射材质为例，详细介绍 V-Ray 材质的调节方法，最终效果如图10-34所示。

图10-34 反射材质效果

【步骤解析】

1. 继续上一场景。单击主工具栏中的按钮，打开【材质编辑器】对话框，选择 1 个未编辑的示例球。

2. 单击 Standard 按钮，在弹出的【材质/贴图浏览器】对话框中选择【V-RayMtl】选项，单击【反射】参数右侧的黑色块，将其调成一种很浅的灰色。将这个材质赋予茶壶物体。参数位置与渲染效果如图 10-35 所示。

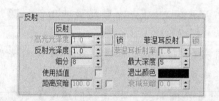

图10-35 反射参数位置与渲染效果

观察茶壶顶部反射区域，发现明显有一块黑斑，这是因为环境中是一片黑色才造成了这种效果。虽然在渲染设置中已经为场景添加了一个 HDR 贴图，下面还要贴一张特殊的带光度信息的环境贴图。

3. 在菜单栏中选择【渲染】/【环境】命令，打开【环境和效果】对话框。

4. 回到【材质编辑器】对话框，使其与【环境和效果】对话框并排摆放。在这个对话框中，应该还保留着之前已经调节过了的一张 HDR 贴图。

5. 在该实例球上按住鼠标左键拖曳，将其拖到【环境和效果】对话框中，【环境贴图】下方的 无 按钮上，【确认】为【实例】方式，材质拖曳过程如图 10-36 所示。

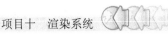

图10-36　添加了环境贴图之后的渲染效果

6. 再将此材质赋予环形结物体，再次渲染相机视图效果如图 10-34 所示。

7. 选择菜单栏中的【文件】/【另存为】命令，将场景另存为"10_VR_金属.max"文件。这样就产生了质感非常强烈的金属效果，我们只需要简单地修改几个参数，就可以得到效果非常好的陶瓷反射效果了。

8. 回到材质编辑器，选中反射材质的示例球，先将漫反射色修改成一种青绿色。

9. 选中【菲尼尔反射】选项，并单击【高光光泽度】右侧的锁定按钮，取消锁定状态。

10. 然后分别修改【高光光泽度】参数和【反射光泽度】参数。参数位置如 10-37 左图所示。渲染相机视图，效果如图 10-37 右图所示。

图10-37　修改参数位置以及渲染效果

11. 选择菜单栏中的【文件】/【另存为】命令，将场景另存为"10_VR_陶瓷.max"文件。

实训　V-Ray 玻璃材质以及焦散效果

要求：利用本项目所介绍的内容，为场景添加玻璃材质和焦散效果，场景渲染效果如图 10-38 所示。

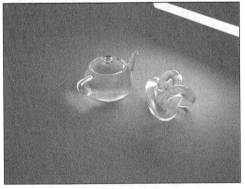

图10-38　场景渲染效果

【步骤解析】

1. 继续上一场景，单击 ⬚ 按钮，打开【材质编辑器】对话框，单击【折射】/【折射】右侧的色块，将其改为白色。这样，场景中的茶壶和环形结就变成透明的了。

2. 然后将折射的【光泽度】参数修改成"0.8"，这样可以得到一种磨砂玻璃的效果。为了得到更加真实的玻璃光照效果，接下来将开启【焦散】渲染效果。

3. 进入渲染设置对话框，选中【VR_间接照明】/【V-Ray::焦散】/【开启】选项，将【最大光子数】改为"300"，然后渲染场景，效果如图 10-38 所示。

4. 选择菜单栏中的【文件】/【另存为】命令，将场景另存为"10_VR_玻璃.max"文件。

 项目小结

本项目主要介绍了 3ds Max 9 的渲染系统，该系统包含了两种渲染器：一种是系统默认的扫描线渲染器，此渲染器与高级灯光系统相配合可以渲染出真实的图像效果；另一种是 V-Ray 渲染器，它拥有完备的灯光和材质效果，而且渲染品质要优于扫描线渲染器，因此与 V-Ray 渲染器相关的内容需要重点掌握。

 思考与练习

打开"LxScenes\10_01.max"文件，利用 V-Ray 渲染器制作光线反射及焦散效果，并进行渲染场景，效果如图 10-39 所示。完成后的场景保存为"LxScenes\10_01_ok.max"文件。

默认扫描线渲染效果

【mental ray】渲染效果

图10-39 【mental ray】的光线反射及焦散效果